길벗스쿨

기적의 문제 해결법

초등 5-2

6

길벗스쿨

유형 탄생의 비밀을 알면
최상위 수학문제도 만만해!

✩ 최상위 수학학습, 사고하는 과정이 중요하다!

수학은 문제를 해결하는 힘을 기르는 학문이에요. 선행보다는 심화가 실력 향상에 더 도움이 됩니다.

개념 이해를 확인하는 기본 수학문제는 보는 순간 쉽게 풀어 정답을 구할 수 있습니다.
이때는 문제가 비교적 단순해서 깊은 사고가 필요하지 않습니다.
그렇다면 어려운 수학문제는 어떨까요?
'도대체 무엇을 구하라는 것이지? 어떤 방법으로 풀어야 하지?' 등 문제를 이해하는 것부터
어떤 개념을 적용하여 어떤 순서로 해결할지 여러 가지 생각을 하게 됩니다.
만약 답이 틀렸다면 문제를 다시 읽고, 왜 틀렸는지 생각하고, 옳은 답을 구하기
위해 다시 계획하고 실행하는 사고 과정을 반복하게 됩니다. 이처럼 어려운 문제를
해결하기 위해 논리적으로 사고하는 과정 속에서 수학적 사고력과 문제해결력이
향상됩니다. 이것이 바로 최상위 수학학습을 해야 하는 이유입니다.

✩ 최상위 수학학습, 초등에서는 달라야 한다!

초등학생은 아직 추상적 개념에 대한 논리적 사고력이 부족하므로 중고등학생과는 다른 학습설계가 필요합니다.

어려운 수학문제를 논리적으로 생각해서 풀기란 쉽지 않습니다.
논리적 사고가 완전히 발달하지 못한 초등학생에게는 더더욱 힘든 일입니다.
피아제의 인지발달 단계에 따르면 추상적인 개념에 대한 논리적이고
체계적인 사고는 11세 이후 발달하며, 그 이전에는 자신이 직접 경험한
구체적 경험 중심의 직관적, 논리적 조작사고가 이루어집니다.
이에 초등학생의 최상위 수학학습은 중고등학생과는 달라야 합니다.
초등학생의 심화학습은 학생의 인지발달 단계에 맞게 구체적 경험을
통해 논리적으로 조작하는 사고 방법을 익히는 것에 중점을 두어야 합니다.
그래야만 학년이 올라감에 따라 체계적, 논리적 사고를 활용하여 학습할 수 있습니다.

초등 1, 2학년	• 암기력이 가장 좋은 시기 • 구구단과 같은 암기 위주의 단순반복 학습, 개념을 확장하는 선행심화 학습 • 호기심이나 상상을 촉진하는 다양한 활동을 통한 경험심화 학습
초등 3, 4학년	• 구체적 사물들 간의 관계성을 통하여 사고를 확대해 나가는 시기 • 배운 개념이 다른 개념으로 어떻게 확장, 응용되는지 구체적인 문제들을 통해 인지하고, 그 사이의 인과관계를 유추하는 응용심화 학습
초등 5, 6학년	• 추상적, 논리적 사고가 시작되는 시기 • 공부의 양보다는 생각의 깊이를 더해 주는 사고심화 학습

유형 탄생의 비밀을 알면 해결전략이 보인다!

중고등학생은 다양한 문제를 학습하면서 스스로 조직화하고 정교화할 수 있지만
초등학생은 아직 논리적 사고가 미약하기에 스스로 조직화하며 학습하기가 어렵습니다.
그러므로 최상위 수학학습을 시작할 때 무작정 다양한 문제를 풀기보다 어려운 문제들을 관련 있는
것끼리 묶어 함께 학습하는 것이 효과적입니다. 문제와 문제가 어떻게 유기적으로 연결, 발전되는지
파악하고, 그에 따라 해결전략은 어떻게 바뀌는지 구체적으로 비교하며 학습하는 것이 좋습니다.
그래야 문제를 이해하기 쉽고, 비슷한 문제에 응용하기도 쉽습니다.

◉ 최상위 수학문제를 조직화하는 3가지 원리 ◉

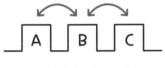

해결전략이나 문제형태가
비슷해 보이는 유형

1. 비교설계

비슷해 보이지만 다른 해결전략을 적용해야 하는 경우와 똑같은 해결전략을 활용하지만 표현 방식이나 소재가 다른 경우는 함께 비교하며 학습해야 해결전략의 공통점과 차이점을 확실히 알 수 있습니다. 이 유형의 문제들은 서로 혼동하여 틀리기 쉬우므로 문제별 이용되는 해결전략을 꼭 구분하여 기억합니다.

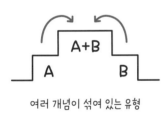

여러 개념이 섞여 있는 유형

2. 결합설계

수학은 나선형 학습! 한 번 배우고 끝나는 것이 아니라 개념에 개념을 더하며 확장해 나갑니다. 문제도 여러 개념을 섞어 종합적으로 확인하는 최상위 문제가 있습니다. 각각의 개념을 먼저 명확히 알고 있어야 여러 개념이 결합된 문제를 해결할 수 있습니다. 이에 각각의 개념을 확인하는 문제를 먼저 학습한 다음, 결합 문제를 풀면서 어떤 개념을 먼저 적용하는지 해결순서에 주의하며 학습합니다.

문제의 조건이 변하며
난이도가 올라가는 유형

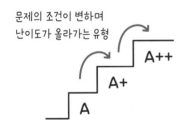

3. 심화설계

어려운 문제는 기본 문제에서 조건을 하나씩 추가하거나 낯설게 변형하여 만듭니다. 이때 문제의 조건이 바뀜에 따라 해결전략, 풀이 과정이 알고 있는 것과 어떻게 달라지는지를 비교하면서 학습하면 문제 이해도 빠르고, 해결도 쉽습니다. 나아가 더 어려운 문제가 주어졌을 때 어떻게 적용할지 알 수 있어 문제해결력을 키울 수 있습니다.

유형 탄생의 세 가지 비밀과 공략법
1. 비교설계 : 해결전략의 공통점과 차이점을 기억하기
2. 결합설계 : 개념 적용 순서를 주의하기
3. 심화설계 : 조건변화에 따른 해결과정을 비교하기

해결전략과 문제해결과정을 쉽게 익히는
기적의 문제해결법 학습설계

기적의 문제해결법은 최상위 수학문제를 출제 원리에 따라 분리 설계하여 문제와 문제가 어떻게 유기적으로 연결, 발전되는지, 그에 따른 해결전략은 어떻게 달라지는지 구체적으로 비교 학습할 수 있도록 구성되어 있습니다.

1 해결전략의 공통점과 차이점을 비교할 수 있는 'ABC 비교설계'

A 원의 크기가 같을 때 반지름 구하기

　지름과 반지름의 관계를 비교

B 원이 포개어 있을 때 반지름 구하기

　작은 원의 위치에 따른 비교

C 원이 겹쳐 있을 때 반지름 구하기

　작은 원의 크기에 따른 비교

D 크기가 다른 원이 맞닿아 있을 때 지름 구하기

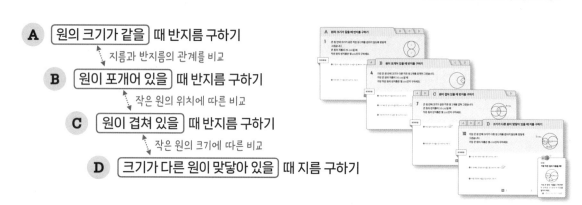

2 각 개념을 먼저 학습 후 결합문제를 해결하는 'A+B 결합설계'

A 분자에 ■가 있는 식 완성하기

　＋

B 분모에 ■가 있는 식 완성하기

A+B 어떤 분수 구하기

분자, 분모가 될 수 있는 수의 조건을 알아야 결합문제 해결 가능

3 조건 변화에 따른 풀이의 변화를 파악할 수 있는 'A++ 심화설계'

A 가장 큰 수 만들기

A+ 세 번째로 큰 수 만들기

A++ 자리 숫자가 정해진 가장 큰 수 만들기

문제 조건에 따라 큰 수 만드는 풀이 변화 확인

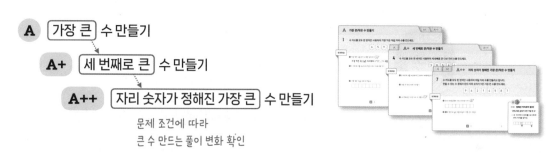

수학적 문제해결력을 키우는
기적의 문제해결법 구성

Step 1
계획부터
점검까지

언제, 얼마나 공부할지 스스로 계획하고, 학습 후 기억에 남는 내용을 기록하며 스스로 평가합니다. 이때, 내일 다시 도전할 문제, 한 번 더 풀어 볼 문제, 비슷한 문제를 찾아 더 풀어 보기 등 구체적으로 나의 학습 상태를 기록하는 것이 좋습니다.

Step 2
단계별로
문제해결

학기별 대표 최상위 수학문제 40여 가지를 엄선!
다양한 변형 문제들을 3가지 원리에 따라 조직화하여
해결전략과 해결과정을 비교하면서 학습할 수 있습니다.

Step 3
스스로
문제해결

정답을 맞히는 것도 중요하지만, 어떻게 이해하고 논리적으로 사고하는지가 더 중요합니다. 정답뿐만 아니라 해결과정에 오류나 허점은 없는지 꼼꼼하게 확인하고, 이해되지 않는 문제는 관련 유형으로 돌아가서 재점검하여 이해도를 높입니다.

나 ____ 은(는) 「기적의 문제해결법」을 공부할 때

1 스스로 계획하고 실천하겠습니다.

• 언제, 얼마만큼(공부 시간과 학습량) 공부할 것인지 나에게 맞게, 내가 정하겠습니다.

• 채점을 하면서 틀린 부분은 없는지, 틀렸다면 왜 틀렸는지도 살펴보겠습니다.

• 오늘 공부를 반성하며 다음에 더 필요한 공부도 계획하겠습니다.

2 일단, 내 힘으로 풀어 보겠습니다.

• 어떻게 풀지 모르겠어도 혼자 생각하며 해결하려고 노력하겠습니다.

• 생각하지도 않고 부모님이나 선생님께 묻지 않겠습니다.

• 풀이책을 보며 문제를 풀지 않겠습니다.

   풀이책은 채점할 때, 채점 후 왜 틀렸는지 알아볼 때만 사용하겠습니다.

3 딱! 집중하겠습니다.

• 딴짓하지 않고, 문제를 해결하는 것에만 딱! 집중하겠습니다.

• 목표로 한 양(또는 시간)을 다 풀 때까지 책상에서 일어나지 않겠습니다.

• 빨리 푸는 것보다 집중해서 정확하게 푸는 것이 더 중요함을 기억하겠습니다.

4 최상위 문제! 나도 할 수 있습니다.

• 매일 '나는 수학을 잘한다, 수학이 만만하다, 수학이 재미있다'라고 생각하겠습니다.

• 모르니까 공부하는 것! 많이 틀렸어도 절대로 실망하거나 자신감을 잃지 않겠습니다.

• 어려워도 포기하지 않고 계속! 도전하겠습니다.

차례

수의 범위와 어림하기

학습기록표

유형 01	학습일
	학습평가

수직선에 나타낸 수의 범위

A	속하는 수의 개수
A+	공통으로 속하는 수
B	속하지 않는 수
C	경곗값

유형 02	학습일
	학습평가

어림하여 나타내기

A	어림한 수의 크기 비교
B	어림한 두 수의 차
C	더 가깝게 어림

유형 03	학습일
	학습평가

어림의 활용

A	최대 개수
A+	최대 판매 금액
B	최소 개수
B+	최소 필요 금액

유형 04	학습일
	학습평가

수의 범위 나타내기

A	수의 범위 표현하기
A+	수의 범위 구하기

유형 05	학습일
	학습평가

어림하기 전의 수의 범위

A	버림하기 전
B	올림하기 전
C	반올림하기 전
A+B+C	공통 범위

유형 06	학습일
	학습평가

수 만들기

A	조건 만족하는 소수
B	범위에 속하는 수
C	어림하기 전의 수

유형 마스터	학습일
	학습평가

수의 범위와 어림하기

수직선에 나타낸 수의 범위

A 수의 범위에 속하는 수의 개수 구하기

A+ | B | C

1 수직선에 나타낸 수의 범위에 속하는 자연수 중에서 짝수는 모두 몇 개인지 구하세요.

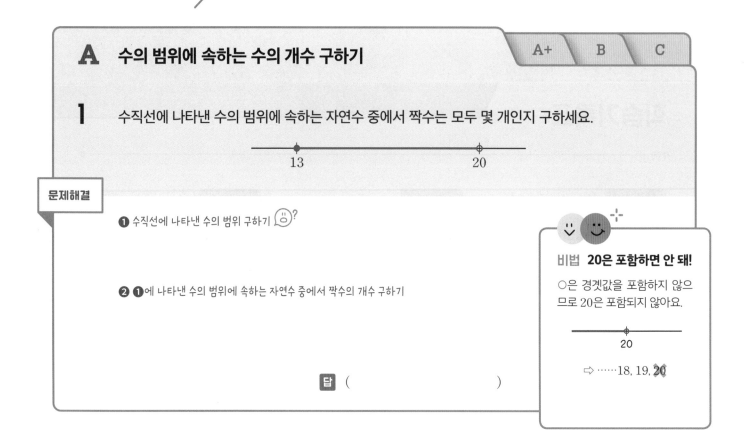

문제해결

❶ 수직선에 나타낸 수의 범위 구하기 😮?

❷ ❶에 나타낸 수의 범위에 속하는 자연수 중에서 짝수의 개수 구하기

비법 20은 포함하면 안 돼!

○은 경곗값을 포함하지 않으므로 20은 포함되지 않아요.

⇨ ……18, 19, 20̶

답 (   )

2 수직선에 나타낸 수의 범위에 속하는 자연수 중에서 홀수는 모두 몇 개인지 구하세요.

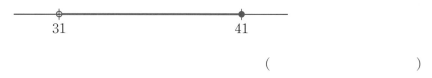

(   )

3 수직선에 나타낸 수의 범위에 속하는 자연수 중에서 3으로 나누어떨어지는 수는 모두 몇 개인지 구하세요.

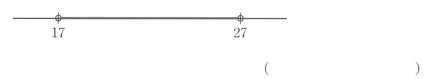

(   )

| A | **A+** 두 수의 범위에 공통으로 속하는 자연수 구하기 | B | C |

4 두 수의 범위에 공통으로 속하는 자연수를 모두 구하세요.

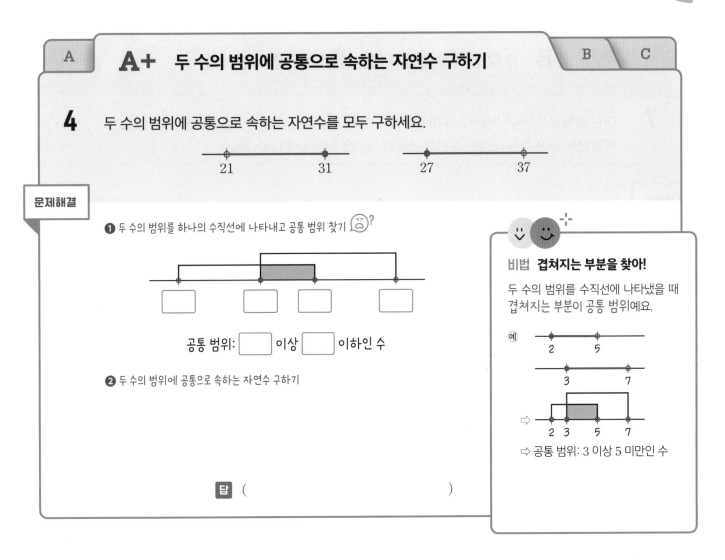

문제해결

❶ 두 수의 범위를 하나의 수직선에 나타내고 공통 범위 찾기

공통 범위: ☐ 이상 ☐ 이하인 수

❷ 두 수의 범위에 공통으로 속하는 자연수 구하기

비법 겹쳐지는 부분을 찾아!

두 수의 범위를 수직선에 나타냈을 때 겹쳐지는 부분이 공통 범위예요.

예)

⇨ 공통 범위: 3 이상 5 미만인 수

답 (   )

5 두 수의 범위에 공통으로 속하는 자연수를 모두 구하세요.

(   )

6 지민이네 모둠이 모은 붙임 딱지 수를 다음과 같이 설명하였습니다. 붙임 딱지 수는 몇 장이 될 수 있는지 모두 구하세요.

• 지민: 35장 미만이야.
• 수아: 15장 초과 26장 이하야.
• 도영: 23장 초과야.

(   )

A　A+

B　수의 범위에 속하지 않는 수의 범위를 표현하기

C

7 어느 박물관에서는 나이가 6세 이하이거나 65세 이상인 사람에게는 입장료를 받지 않습니다. 입장료를 내야 하는 나이의 범위를 초과와 미만을 이용하여 나타내세요.

문제해결

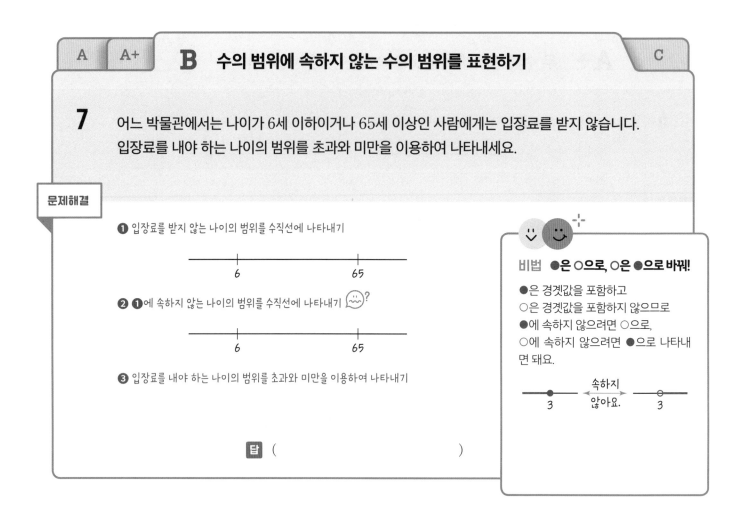

❶ 입장료를 받지 않는 나이의 범위를 수직선에 나타내기

❷ ❶에 속하지 않는 나이의 범위를 수직선에 나타내기 😖?

❸ 입장료를 내야 하는 나이의 범위를 초과와 미만을 이용하여 나타내기

답 (　　　　　　　　　　　)

비법 ●은 ○으로, ○은 ●으로 바꿔!

●은 경곗값을 포함하고
○은 경곗값을 포함하지 않으므로
●에 속하지 않으려면 ○으로,
○에 속하지 않으려면 ●으로 나타내면 돼요.

속하지
않아요.
3　　　3

8 어느 놀이기구를 키가 110 cm 미만이거나 150 cm 초과인 사람은 탈 수 없습니다. 놀이기구를 탈 수 있는 키의 범위를 이상과 이하를 이용하여 나타내세요.

(　　　　　　　　　　　)

9 어느 체험관은 나이가 20세 미만이거나 60세 이상인 사람에게는 입장료를 받지 않습니다. 입장료를 내야 하는 나이의 범위를 이상과 미만을 이용하여 나타내세요.

(　　　　　　　　　　　)

| A | A+ | B | **C** 수의 범위의 경곗값 구하기 |

10 수직선에 나타낸 수의 범위에 포함되는 자연수는 모두 7개입니다.
㉠에 알맞은 자연수를 구하세요.

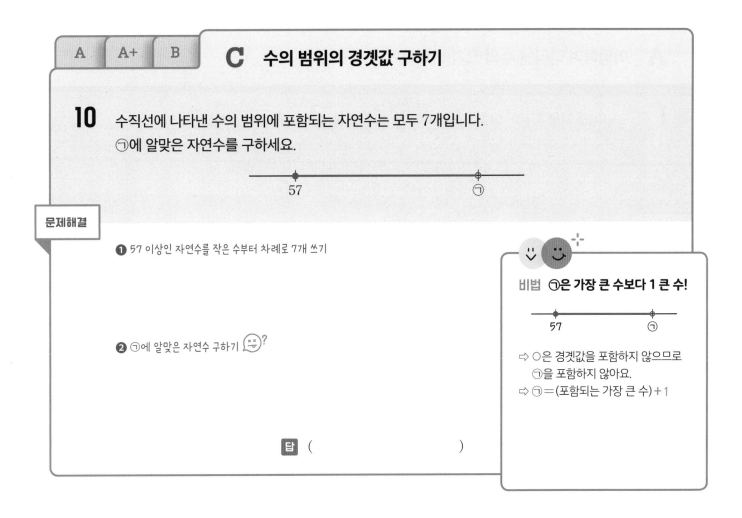

문제해결

❶ 57 이상인 자연수를 작은 수부터 차례로 7개 쓰기

비법 **㉠은 가장 큰 수보다 1 큰 수!**

⇨ ○은 경곗값을 포함하지 않으므로 ㉠을 포함하지 않아요.
⇨ ㉠=(포함되는 가장 큰 수)+1

❷ ㉠에 알맞은 자연수 구하기

답 (   )

11 수직선에 나타낸 수의 범위에 포함되는 자연수는 모두 8개입니다. ㉠에 알맞은 자연수를 구하세요.

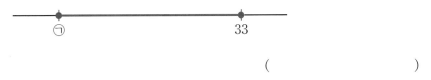

(   )

12 수직선에 나타낸 수의 범위에 포함되는 자연수는 모두 25개입니다. ㉠에 알맞은 자연수를 구하세요.

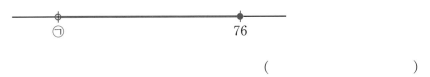

(   )

어림하여 나타내기

A 어림하여 나타낸 수의 크기 비교하기

B | C

1 2.408을 다음과 같이 어림했을 때 어림한 수가 더 큰 것의 기호를 써 보세요.

> ㉠ 반올림하여 소수 둘째 자리까지 나타낸 수
> ㉡ 올림하여 소수 첫째 자리까지 나타낸 수

문제해결

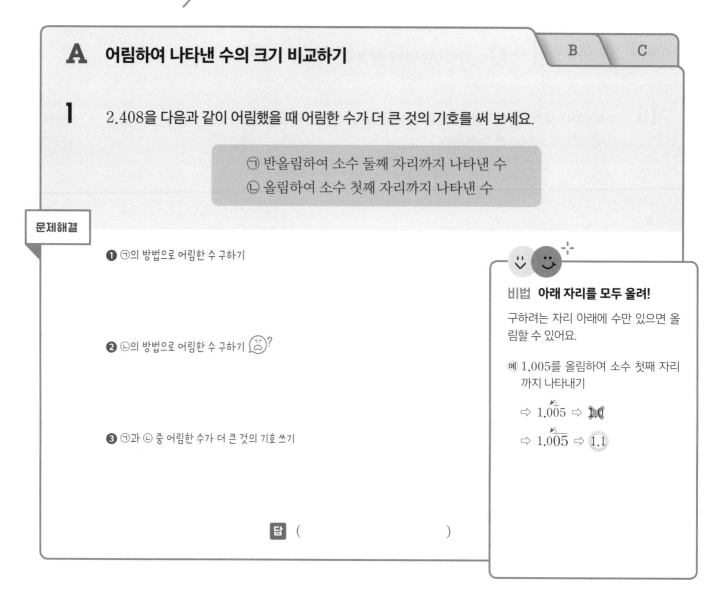

❶ ㉠의 방법으로 어림한 수 구하기

❷ ㉡의 방법으로 어림한 수 구하기

❸ ㉠과 ㉡ 중 어림한 수가 더 큰 것의 기호 쓰기

비법 아래 자리를 모두 올려!

구하려는 자리 아래에 수만 있으면 올림할 수 있어요.

예 1.005를 올림하여 소수 첫째 자리까지 나타내기

⇨ 1.005 ⇨ 1.0

⇨ 1.005 ⇨ 1.1

답 (   )

2 7.095를 다음과 같이 어림했을 때 어림한 수가 더 작은 것의 기호를 써 보세요.

> ㉠ 버림하여 소수 둘째 자리까지 나타낸 수
> ㉡ 반올림하여 일의 자리까지 나타낸 수

(   )

3 316.7을 다음과 같이 어림했을 때 어림한 수가 큰 것부터 차례대로 기호를 써 보세요.

> ㉠ 올림하여 백의 자리까지 나타낸 수
> ㉡ 버림하여 일의 자리까지 나타낸 수
> ㉢ 반올림하여 십의 자리까지 나타낸 수

(   )

| A | **B** 어림하여 나타낸 두 수의 차 구하기 | C |

4 45346을 반올림하여 백의 자리까지 나타낸 수와
버림하여 천의 자리까지 나타낸 수의 차를 구하세요.

문제해결

❶ 45346을 반올림하여 백의 자리까지 나타내기

❷ 45346을 버림하여 천의 자리까지 나타내기

❸ ❶, ❷에서 어림한 두 수의 차 구하기

답 (   )

비법
어림하여 나타낸 자리의 아래 자리는 0이 돼!

어림해서
십의 자리까지 나타내면 몇십,
백의 자리까지 나타내면 몇백,
천의 자리까지 나타내면 몇천
이 되어요.

⑩ 2154를 반올림하여 주어진 자리까지 나타내기
십의 자리까지: 2 1 5̲ 4̲ ⇨ 2150
백의 자리까지: 2 1̲ 5 4 ⇨ 2200
천의 자리까지: 2̲ 1 5 4 ⇨ 2000

5 5783을 올림하여 십의 자리까지 나타낸 수와 반올림하여 십의 자리까지 나타낸 수의 차를 구하
세요.

(   )

6 두 수를 각각 올림하여 천의 자리까지 나타낸 수와 버림하여 천의 자리까지 나타낸 수의 차가 더
큰 수의 기호를 써 보세요.

ⓘ 21041   ⓛ 94000

(   )

A **B** **C** 더 가깝게 어림하기

7 주영이네 학교에서 408명의 학생 모두에게 공책을 한 권씩 나누어 주려고 합니다.
필요한 공책의 수를 두 사람이 각각 다음과 같이 어림하였습니다.
공책의 수를 학생 수에 더 가깝게 어림한 사람은 누구인지 써 보세요.

> • 주영: 학생 수를 반올림하여 십의 자리까지 나타냈어.
> • 민재: 학생 수를 올림하여 백의 자리까지 나타냈어.

문제해결

❶ 주영이의 방법으로 필요한 공책의 수 어림하기

❷ 민재가 어림한 방법으로 필요한 공책의 수 어림하기

❸ 필요한 공책의 수를 학생 수에 더 가깝게 어림한 사람 쓰기 😊?

답 ( )

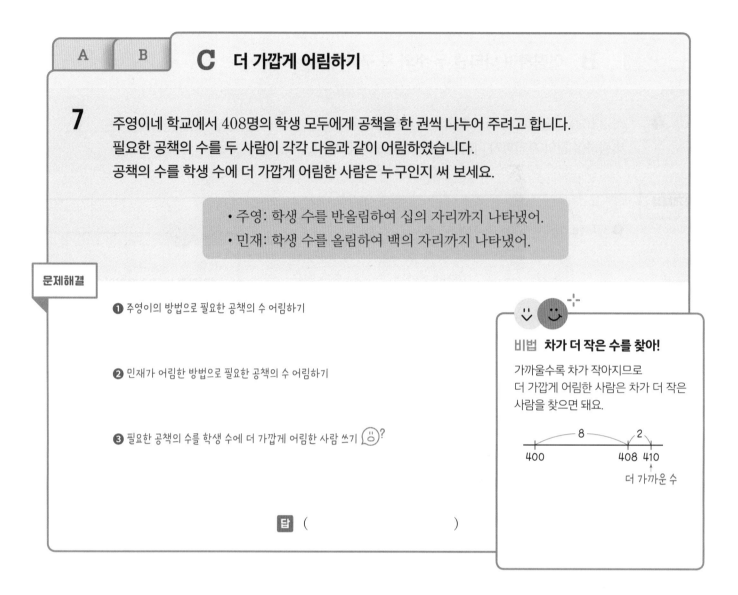

비법 차가 더 작은 수를 찾아!

가까울수록 차가 작아지므로
더 가깝게 어림한 사람은 차가 더 작은
사람을 찾으면 돼요.

```
        8         2
 ├───────────┼──┤
400        408 410
              ↑
            더 가까운 수
```

8 민호네 학교 5학년 학생 137명 모두가 한 명씩 앉을 의자를 준비하려고 합니다. 필요한 의자 수를 소민이는 학생 수를 반올림하여 십의 자리까지 나타내었고, 정윤이는 올림하여 백의 자리까지 나타내었습니다. 의자의 수를 학생 수에 더 가깝게 어림한 사람은 누구인지 써 보세요.

( )

9 서진이네 학교에서 1467명의 학생 모두에게 물병을 한 개씩 나누어 주려고 합니다. 필요한 물병의 수를 세 사람이 각각 다음과 같이 어림하였습니다. 물병의 수를 학생 수에 가장 가깝게 어림한 사람은 누구인지 써 보세요.

> • 예준: 학생 수를 반올림하여 천의 자리까지 나타내기
> • 연재: 학생 수를 반올림하여 백의 자리까지 나타내기
> • 민아: 학생 수를 반올림하여 십의 자리까지 나타내기

( )

A 최대 개수 구하기

A+   B   B+

1 야구공 314개를 한 상자에 10개씩 담아서 포장하려고 합니다.
상자에 담아서 포장할 수 있는 야구공은 최대 몇 개인지 구하세요.

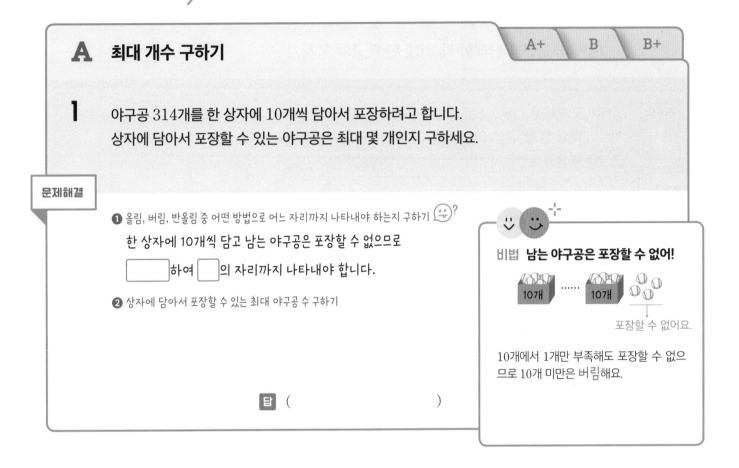

문제해결

❶ 올림, 버림, 반올림 중 어떤 방법으로 어느 자리까지 나타내야 하는지 구하기 😵?

한 상자에 10개씩 담고 남는 야구공은 포장할 수 없으므로

[   ]하여 [   ]의 자리까지 나타내야 합니다.

❷ 상자에 담아서 포장할 수 있는 최대 야구공 수 구하기

답 (   )

비법 남는 야구공은 포장할 수 없어!

10개 10개

포장할 수 없어요.

10개에서 1개만 부족해도 포장할 수 없으므로 10개 미만은 버림해요.

2 연필 1279자루를 한 상자에 100자루씩 담아서 팔려고 합니다. 상자에 담아서 팔 수 있는 연필은 최대 몇 자루인지 구하세요.

(   )

3 성민이가 용돈을 모은 저금통을 열어 보았더니 500원짜리 동전이 20개, 100원짜리 동전이 50개, 10원짜리 동전이 74개 있었습니다. 이 돈을 1000원짜리 지폐로 최대 몇 장까지 바꿀 수 있는지 구하세요.

(   )

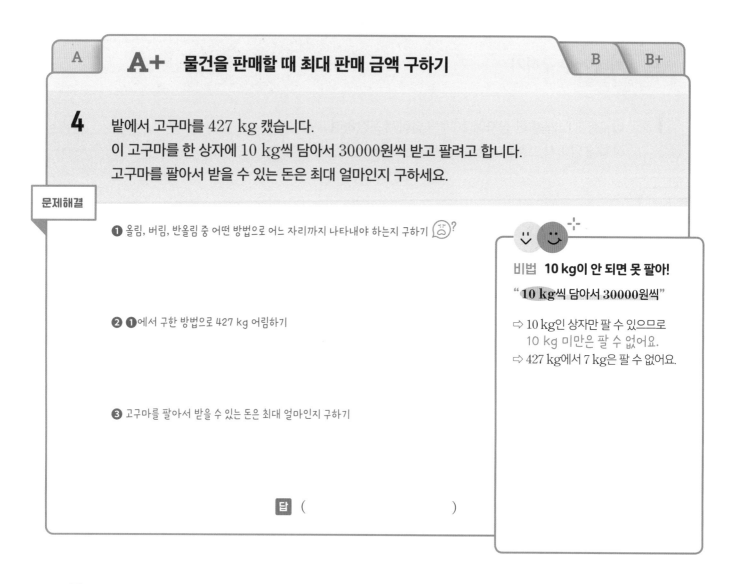

| A | **A+** 물건을 판매할 때 최대 판매 금액 구하기 | B | B+ |

4 밭에서 고구마를 427 kg 캤습니다.
이 고구마를 한 상자에 10 kg씩 담아서 30000원씩 받고 팔려고 합니다.
고구마를 팔아서 받을 수 있는 돈은 최대 얼마인지 구하세요.

문제해결

❶ 올림, 버림, 반올림 중 어떤 방법으로 어느 자리까지 나타내야 하는지 구하기 😩?

❷ ❶에서 구한 방법으로 427 kg 어림하기

❸ 고구마를 팔아서 받을 수 있는 돈은 최대 얼마인지 구하기

답 ( )

비법 **10 kg이 안 되면 못 팔아!**
" **10 kg**씩 담아서 **30000원**씩 "

⇨ 10 kg인 상자만 팔 수 있으므로
  10 kg 미만은 팔 수 없어요.
⇨ 427 kg에서 7 kg은 팔 수 없어요.

5 마늘 한 접은 100개입니다. 마늘 3045개를 한 상자에 한 접씩 넣어서 팔려고 합니다. 한 상자에 25000원씩 받고 판다면 마늘을 팔아서 받을 수 있는 돈은 최대 얼마인지 구하세요.

( )

6 어느 농장에서 빨간색 파프리카를 256개, 노란색 파프리카를 349개 생산하였습니다. 이 파프리카를 한 봉지에 10개씩 담아서 팔려고 합니다. 파프리카를 한 봉지에 8000원씩 받고 판다면 파프리카를 팔아서 받을 수 있는 돈은 최대 얼마인지 구하세요. (단, 색은 상관없이 봉지에 담습니다.)

( )

| A | A+ | **B** 최소 개수 구하기 | | B+ |

7 진영이네 학교 5학년 학생 308명이 체험 학습을 가려고 합니다.
미니 버스 한 대에 10명까지 탈 수 있다면 미니 버스는 최소 몇 대 필요한지 구하세요.

문제해결

❶ 올림, 버림, 반올림 중 어떤 방법으로 어느 자리까지 나타내야 하는지 구하기

❷ ❶에서 구한 방법으로 308명 어림하기

❸ 최소 필요한 미니 버스 수 구하기

답 (   )

비법 **10명이 안 되어도 타야 해!**

" 한 대에 **10명**까지 탈 수 있다면"

⇨ 10명씩 타고 남은 인원도 체험 학습을 가야 하므로 버스 한 대에 타야 해요.
⇨ 308명에서 8명도 버스에 타야 해요.

8 서호네 학교 학생 926명에게 체육 시간에 사용할 깃발을 한 개씩 나누어 주려고 합니다. 문구점에서 깃발을 100개씩 묶음으로만 판다면 최소 몇 묶음을 사야 하는지 구하세요.

(   )

9 상자 1개를 포장하는 데 포장용 끈이 147 cm 필요합니다. 포장용 끈은 1 m 단위로만 판다고 할 때 같은 상자 10개를 포장하려면 포장용 끈은 최소 몇 m를 사야 하는지 구하세요.

(   )

A	A+	B

B+ 최소 필요 금액 구하기

10 정민이네 학교 학생 513명 모두에게 연필을 한 자루씩 나누어 주려고 합니다.
문구점에서 연필을 10자루씩 묶음으로만 팔고 한 묶음의 가격은 4000원입니다.
연필을 사는 데 최소 얼마가 필요한지 구하세요.

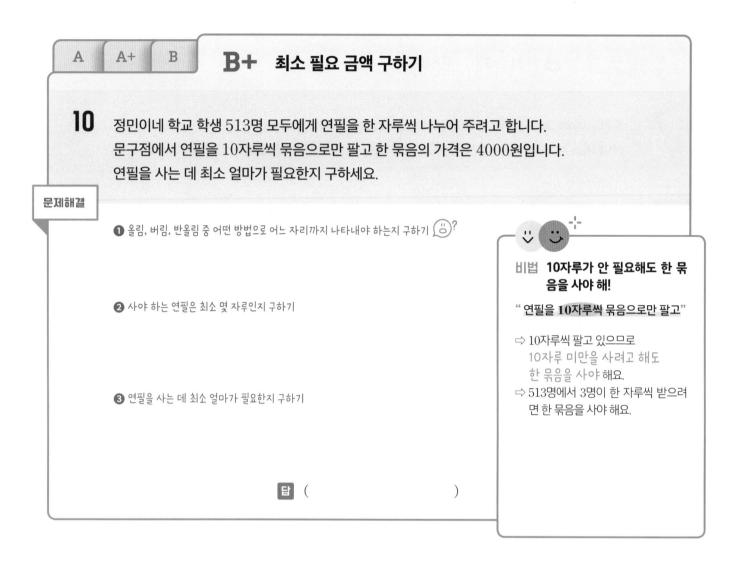

문제해결

❶ 올림, 버림, 반올림 중 어떤 방법으로 어느 자리까지 나타내야 하는지 구하기 (😳)?

❷ 사야 하는 연필은 최소 몇 자루인지 구하기

❸ 연필을 사는 데 최소 얼마가 필요한지 구하기

답 (   )

비법 10자루가 안 필요해도 한 묶음을 사야 해!

"연필을 **10자루씩** 묶음으로만 팔고"

⇨ 10자루씩 팔고 있으므로
10자루 미만을 사려고 해도
한 묶음을 사야 해요.
⇨ 513명에서 3명이 한 자루씩 받으려
면 한 묶음을 사야 해요.

11 주원이는 미술 시간에 사용할 끈 437 cm가 필요하다고 합니다. 어느 가게에서 끈을 1 m 단위
로만 팔고 가격은 1 m당 1500원입니다. 주원이가 가게에서 끈을 사는 데 최소 얼마가 필요한지
구하세요.

(   )

12 효빈이네 반 학생 24명 모두에게 사탕을 3개씩 나누어 주려고 합니다. 마트에서 사탕을 한 묶음
에 10개씩 묶어 3000원에 팝니다. 이 마트에서 사탕을 산다면 사탕값으로 최소 얼마가 필요한
지 구하세요.

(   )

수의 범위 나타내기

A 수의 범위 표현하기

A+

1 수진이네 학교 5학년 학생들이 보트를 타려고 합니다.
한 척에 탈 수 있는 정원이 14명인 보트를 최소 13번 운행해야 모두 탈 수 있다면
수진이네 학교 5학년 학생은 몇 명 초과 몇 명 이하인지 구하세요.

문제해결

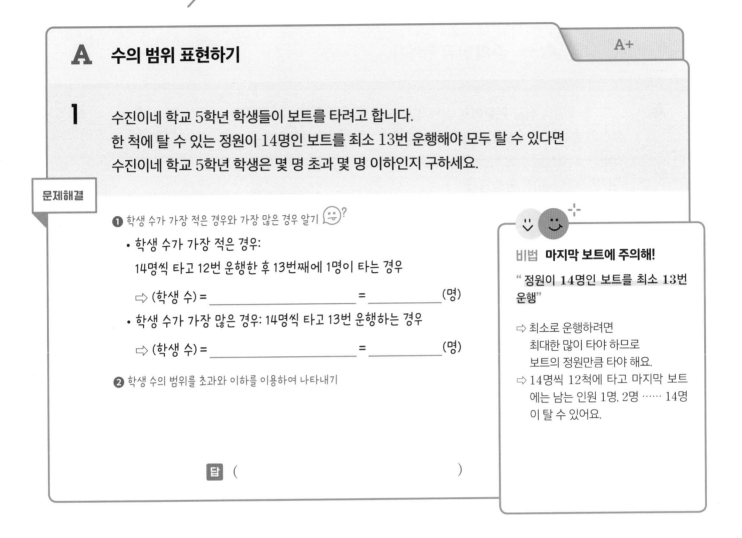

❶ 학생 수가 가장 적은 경우와 가장 많은 경우 알기

• 학생 수가 가장 적은 경우:

14명씩 타고 12번 운행한 후 13번째에 1명이 타는 경우

⇨ (학생 수) = _____ = _____ (명)

• 학생 수가 가장 많은 경우: 14명씩 타고 13번 운행하는 경우

⇨ (학생 수) = _____ = _____ (명)

❷ 학생 수의 범위를 초과와 이하를 이용하여 나타내기

답 ( )

비법 마지막 보트에 주의해!

" 정원이 14명인 보트를 최소 13번 운행"

⇨ 최소로 운행하려면
최대한 많이 타야 하므로
보트의 정원만큼 타야 해요.

⇨ 14명씩 12척에 타고 마지막 보트
에는 남는 인원 1명, 2명 …… 14명
이 탈 수 있어요.

2 예나네 학교 학생들이 모두 케이블카를 타려면 정원이 20명인 케이블카를 최소 8번 운행해야 합니다. 예나네 학교 학생은 몇 명 초과 몇 명 미만인지 구하세요.

( )

3 민호네 과수원에서 수확한 망고를 한 상자에 6개씩 담으려고 합니다. 가지고 있는 8상자에 담고 남는 망고를 모두 담으려면 4상자가 더 필요하다고 합니다. 민호네 과수원에서 수확한 망고는 몇 개 이상 몇 개 이하인지 구하세요.

( )

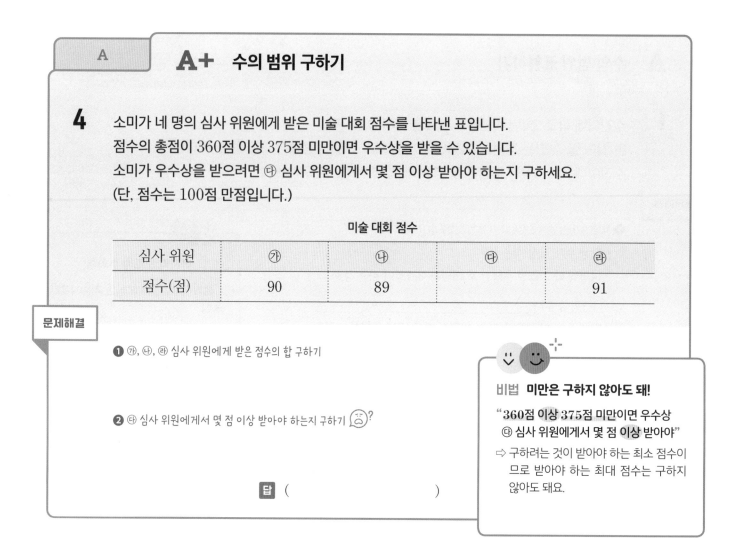

A A+ 수의 범위 구하기

4 소미가 네 명의 심사 위원에게 받은 미술 대회 점수를 나타낸 표입니다.
점수의 총점이 360점 이상 375점 미만이면 우수상을 받을 수 있습니다.
소미가 우수상을 받으려면 ㉯ 심사 위원에게서 몇 점 이상 받아야 하는지 구하세요.
(단, 점수는 100점 만점입니다.)

미술 대회 점수

심사 위원	㉮	㉯	㉰	㉱
점수(점)	90	89		91

문제해결

❶ ㉮, ㉯, ㉱ 심사 위원에게 받은 점수의 합 구하기

❷ ㉰ 심사 위원에게서 몇 점 이상 받아야 하는지 구하기

답 (   )

비법 미만은 구하지 않아도 돼!

"360점 이상 375점 미만이면 우수상
㉰ 심사 위원에게서 몇 점 이상 받아야"

⇨ 구하려는 것이 받아야 하는 최소 점수이
므로 받아야 하는 최대 점수는 구하지
않아도 돼요.

5 오른쪽은 진우의 영어 평가 점수를 나타낸 표입니다. 4회까지 점수의 총점이 350점 이상 380점 미만이면 우수상을 받을 수 있습니다. 진우가 우수상을 받으려면 4회 점수를 몇 점 이상 받아야 하는지 구하세요. (단, 점수는 100점 만점입니다.)

영어 평가 점수

횟수	1회	2회	3회	4회
점수(점)	92	86	85	

(   )

6 오른쪽은 세계 유소년 태권도 선수권 대회 체급을 나타낸 표입니다. 규빈이는 지금보다 한 체급을 올려서 세계 유소년 태권도 대회에 나가려고 합니다. 지금 규빈이의 몸무게가 39.8 kg이라면 규빈이는 몸무게를 몇 kg 초과 몇 kg 이하로 늘려야 하는지 구하세요.

세계 유소년 태권도 선수권 대회

체급	몸무게(kg)
핀급	33 이하
플라이급	33 초과 37 이하
밴텀급	37 초과 41 이하
페더급	41 초과 45 이하
라이트급	45 초과 49 이하

(   )

어림하기 전의 수의 범위

A 버림하기 전의 수의 범위 구하기

B　C　A+B+C

1 어떤 자연수를 버림하여 천의 자리까지 나타내었더니 2000이 되었습니다.
어떤 자연수가 될 수 있는 수의 범위를 이상과 이하를 이용하여 나타내세요.

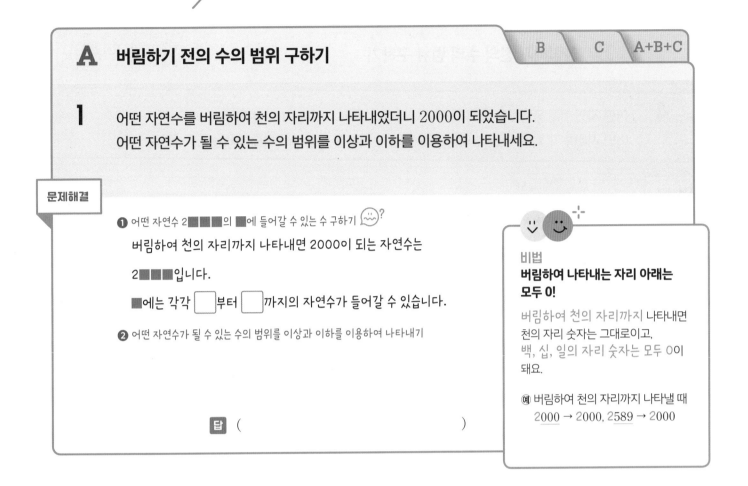

문제해결

❶ 어떤 자연수 2■■■의 ■에 들어갈 수 있는 수 구하기

버림하여 천의 자리까지 나타내면 2000이 되는 자연수는

2■■■입니다.

■에는 각각 [ ]부터 [ ]까지의 자연수가 들어갈 수 있습니다.

❷ 어떤 자연수가 될 수 있는 수의 범위를 이상과 이하를 이용하여 나타내기

답 (　　　　　　　　　　)

비법
버림하여 나타내는 자리 아래는 모두 0!

버림하여 천의 자리까지 나타내면
천의 자리 숫자는 그대로이고,
백, 십, 일의 자리 숫자는 모두 0이
돼요.

예 버림하여 천의 자리까지 나타낼 때
2000 → 2000, 2589 → 2000

2 어떤 자연수를 버림하여 백의 자리까지 나타내었더니 5400이 되었습니다. 어떤 자연수가 될 수 있는 수의 범위를 초과와 미만을 이용하여 나타내세요.

(　　　　　　　　　　)

3 4500과 어떤 자연수를 각각 버림하여 천의 자리까지 나타낸 후 그 두 수의 합을 구했더니 36000이 되었습니다. 어떤 자연수가 될 수 있는 수의 범위를 이상과 미만을 이용하여 나타내세요.

(　　　　　　　　　　)

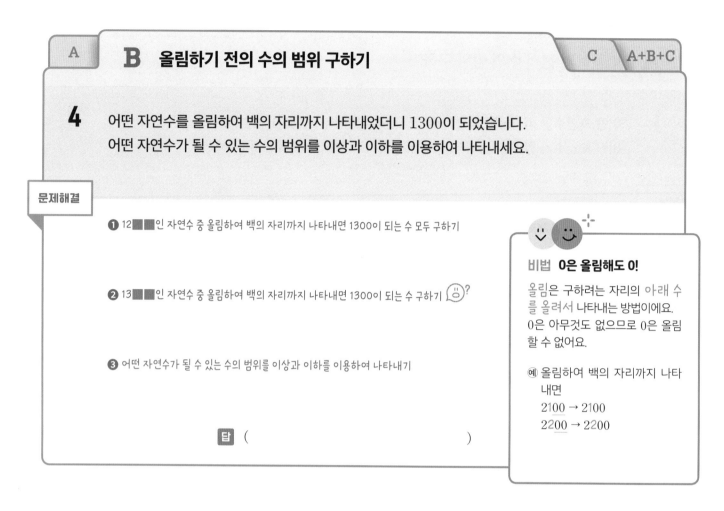

| A | **B** 올림하기 전의 수의 범위 구하기 | C | A+B+C |

4 어떤 자연수를 올림하여 백의 자리까지 나타내었더니 1300이 되었습니다.
어떤 자연수가 될 수 있는 수의 범위를 이상과 이하를 이용하여 나타내세요.

문제해결

❶ 12■■인 자연수 중 올림하여 백의 자리까지 나타내면 1300이 되는 수 모두 구하기

❷ 13■■인 자연수 중 올림하여 백의 자리까지 나타내면 1300이 되는 수 구하기 ☺?

❸ 어떤 자연수가 될 수 있는 수의 범위를 이상과 이하를 이용하여 나타내기

답 (   )

> **비법 0은 올림해도 0!**
>
> 올림은 구하려는 자리의 아래 수를 올려서 나타내는 방법이에요.
> 0은 아무것도 없으므로 0은 올림할 수 없어요.
>
> 예) 올림하여 백의 자리까지 나타내면
> 2100 → 2100
> 2200 → 2200

5 어떤 자연수를 올림하여 천의 자리까지 나타내었더니 45000이 되었습니다. 어떤 자연수가 될 수 있는 수의 범위를 초과와 미만을 이용하여 나타내세요.

(   )

6 네 자리 수 2■▲6을 올림하여 백의 자리까지 나타내었더니 2400이 되었습니다. 네 자리 수 2■▲6 중 가장 작은 수를 구하세요.

(   )

| A | B | **C 반올림하기 전의 수의 범위 구하기** | A+B+C |

7 어떤 자연수를 반올림하여 백의 자리까지 나타내었더니 2700이 되었습니다.
어떤 자연수가 될 수 있는 수의 범위를 이상과 미만을 이용하여 나타내세요.

문제해결

❶ 26■■인 자연수 중 반올림하여 백의 자리까지 나타내면 2700이 되는 수 모두 구하기

❷ 27■■인 자연수 중 반올림하여 백의 자리까지 나타내면 2700이 되는 수 모두 구하기

❸ 어떤 자연수가 될 수 있는 수의 범위를 이상과 미만을 이용하여 나타내기

답 (   )

비법 **백의 자리 숫자가 두 가지!**

십의 자리 숫자가 0, 1, 2, 3, 4일 때 버림하는 경우와 5, 6, 7, 8, 9일 때 올림하는 경우 두 가지를 모두 생각해요.

┌ 버림하는 경우: 27■□
│   └ 0, 1, 2, 3, 4
└ 올림하는 경우: 26■□
                     └ 5, 6, 7, 8, 9

8 어떤 자연수를 반올림하여 십의 자리까지 나타내었더니 800이 되었습니다. 어떤 자연수가 될 수
있는 수의 범위를 이상과 미만을 이용하여 나타내세요.

(   )

9 도현이네 학교 학생 수를 반올림하여 백의 자리까지 나타낸 수는 1100명입니다. 모든 학생에게
연필을 한 자루씩 나누어 주려면 최소 몇 자루를 준비해야 부족하지 않은지 구하세요.

(   )

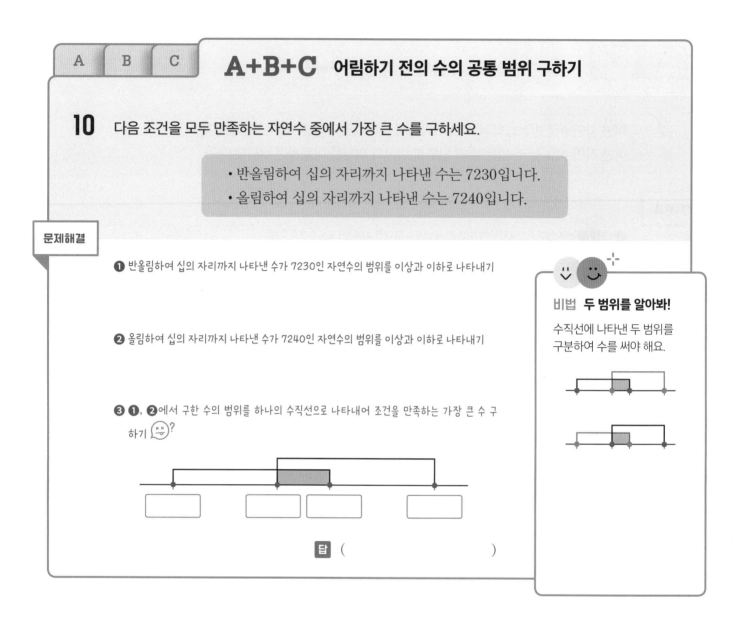

A B C

A+B+C 어림하기 전의 수의 공통 범위 구하기

10 다음 조건을 모두 만족하는 자연수 중에서 가장 큰 수를 구하세요.

> • 반올림하여 십의 자리까지 나타낸 수는 7230입니다.
> • 올림하여 십의 자리까지 나타낸 수는 7240입니다.

문제해결

❶ 반올림하여 십의 자리까지 나타낸 수가 7230인 자연수의 범위를 이상과 이하로 나타내기

❷ 올림하여 십의 자리까지 나타낸 수가 7240인 자연수의 범위를 이상과 이하로 나타내기

❸ ❶, ❷에서 구한 수의 범위를 하나의 수직선으로 나타내어 조건을 만족하는 가장 큰 수 구하기 ?

비법 두 범위를 알아봐!

수직선에 나타낸 두 범위를 구분하여 수를 써야 해요.

답 (   )

11 다음 조건을 모두 만족하는 자연수 중에서 가장 작은 수를 구하세요.

> • 올림하여 십의 자리까지 나타낸 수는 350입니다.
> • 버림하여 십의 자리까지 나타낸 수는 340입니다.

(   )

12 지훈이네 학교 학생 수를 올림하여 백의 자리까지 나타낸 학생 수와 버림하여 백의 자리까지 나타낸 학생 수가 각각 1000명입니다. 전체 학생들에게 모두 공책을 2권씩 나누어 주려면 공책을 최소 몇 권 준비해야 부족하지 않은지 구하세요.

(   )

수 만들기

A 조건을 만족하는 소수 만들기

B   C

1 자연수 부분이 7 이상 9 이하이고
소수 첫째 자리 수가 4 이상 5 이하인 소수 한 자리 수를 만들려고 합니다.
만들 수 있는 소수 한 자리 수는 모두 몇 개인지 구하세요.

문제해결

❶ 자연수 부분이 될 수 있는 수 구하기

❷ 소수 첫째 자리 수가 될 수 있는 수 구하기

❸ 만들 수 있는 소수 한 자리 수의 개수 구하기 😵?

답 (   )

비법 나뭇가지 그림을 이용해!

모든 경우를 알아볼 때에는 나뭇가지 그림으로 알아보면 빠뜨리지 않고 찾을 수 있어요.

예

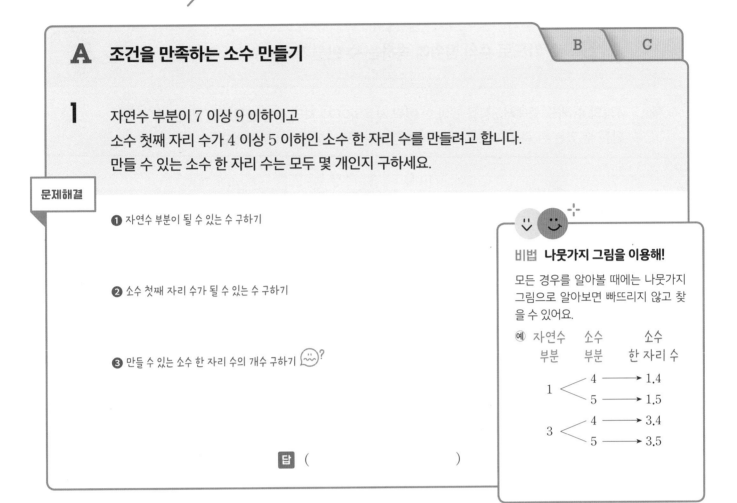

자연수 부분	소수 부분	소수 한 자리 수
1	4	1.4
	5	1.5
3	4	3.4
	5	3.5

2 자연수 부분이 5 초과 8 미만이고 소수 첫째 자리 수가 2 초과 5 미만인 소수 한 자리 수를 만들려고 합니다. 만들 수 있는 소수 한 자리 수는 모두 몇 개인지 구하세요.

(   )

3 자연수 부분이 2 이상 4 미만이고 소수 첫째 자리 수가 6 초과 9 이하인 소수 한 자리 수를 만들려고 합니다. 만들 수 있는 소수 한 자리 수 중에서 가장 큰 수와 가장 작은 수의 차를 구하세요.

(   )

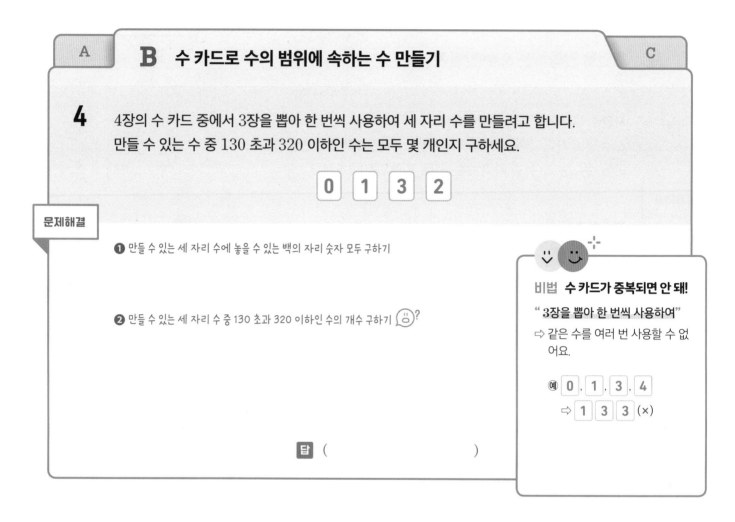

B 수 카드로 수의 범위에 속하는 수 만들기

4 4장의 수 카드 중에서 3장을 뽑아 한 번씩 사용하여 세 자리 수를 만들려고 합니다.
만들 수 있는 수 중 130 초과 320 이하인 수는 모두 몇 개인지 구하세요.

0 1 3 2

문제해결

❶ 만들 수 있는 세 자리 수에 놓을 수 있는 백의 자리 숫자 모두 구하기

❷ 만들 수 있는 세 자리 수 중 130 초과 320 이하인 수의 개수 구하기

비법 수 카드가 중복되면 안 돼!

"3장을 뽑아 한 번씩 사용하여"
⇨ 같은 수를 여러 번 사용할 수 없어요.

예 0 , 1 , 3 , 4
⇨ 1 3 3 (×)

답 (   )

5 5장의 수 카드 중에서 3장을 뽑아 한 번씩 사용하여 세 자리 수를 만들려고 합니다. 만들 수 있는
수 중 453 초과 519 이하인 수는 모두 몇 개인지 구하세요.

1 3 4 7 5

(   )

6 4장의 수 카드 중에서 3장을 뽑아 한 번씩 사용하여 조건 을 모두 만족하는 세 자리 수를 만들려
고 합니다. 만들 수 있는 수는 모두 몇 개인지 구하세요.

조건
• 270 이상 630 이하인 수입니다.
• 2의 배수입니다.

3 6 2 9

(   )

A	B	**C** 어림하기 전의 수 만들기

7 4장의 수 카드를 모두 한 번씩 사용하여 네 자리 수를 만들려고 합니다.
만들 수 있는 수 중 반올림하여 천의 자리까지 나타내면 3000이 되는 수를 모두 구하세요.

5 3 9 2

문제해결

❶ 반올림하여 천의 자리까지 나타내면 3000이 되는 네 자리 수 모두 구하기

❷ 수 카드로 만들 수 있는 수 중 ❶의 범위에 속하는 수 모두 구하기 ?

비법 천, 백의 자리 숫자부터 구해!

수 카드의 수로 수의 범위에 속하는 천, 백의 자리 숫자를 먼저 구한 다음 십, 일의 자리 숫자를 구해야 해요.

2500과 같거나 크고 3000보다 작은 수를 구하는 경우:

천 백 십 일

2 — 5
    9

나머지 수 카드를 놓아요.

답 (   )

8 5장의 수 카드 중 3장을 뽑아 한 번씩 사용하여 세 자리 수를 만들려고 합니다. 만들 수 있는 수 중 반올림하여 십의 자리까지 나타내면 470이 되는 수를 모두 구하세요.

4 1 6 7 8

(   )

9 5장의 수 카드 중 4장을 뽑아 한 번씩 사용하여 네 자리 수를 만들려고 합니다. 만들 수 있는 수 중 반올림하여 백의 자리까지 나타낼 때 9700보다 큰 수는 모두 몇 개인지 구하세요.

3 7 5 2 9

(   )

01

유형 01 **C**

수직선에 나타낸 수의 범위에 포함되는 자연수는 모두 7개입니다. ㉠에 알맞은 자연수를 구하세요.

㉠   42

(   )

02

어느 놀이공원의 입장료가 다음과 같습니다. 수진이네 반 5학년 학생 24명과 선생님 두 분이 놀이공원에 갔다면 입장료로 얼마를 내야 하는지 구하세요.

놀이공원 입장료

구분	요금(원)
어른 (20세 이상)	14000
청소년 (14세 이상 19세 이하)	9000
어린이 (5세 이상 13세 이하)	6000

*20명 이상 단체 입장시 입장료의 반값만 내면 됩니다.

(   )

03

유형 02 **B**

29367을 반올림하여 천의 자리까지 나타낸 수와 버림하여 백의 자리까지 나타낸 수의 차를 구하세요.

(   )

04

∞
유형 03 Ⓐ

어떤 제과점에서 빵 한 개를 만드는 데 설탕이 100 g 필요하다고 합니다. 이 제과점에서 설탕 2.45 kg으로 만들 수 있는 빵은 최대 몇 개인지 구하세요.

(   )

05

∞
유형 04 Ⓐ

연우네 학교 5학년 학생들이 케이블카를 타려고 합니다. 한 번에 12명씩 탈 수 있는 케이블카를 적어도 15번 운행해야 모두 탈 수 있습니다. 연우네 학교 5학년 학생은 몇 명 이상 몇 명 이하인지 구하세요.

(   )

06

∞
유형 04 A+

연진이의 성적은 다음과 같습니다. 4과목의 총점이 350점 이상 380점 미만이면 우수상을 받을 수 있다고 합니다. 연진이가 우수상을 받으려면 수학 점수를 몇 점 이상 받아야 하는지 구하세요. (단, 점수는 100점 만점입니다.)

연진이의 성적

과목	국어	수학	영어	과학
점수(점)	85		87	91

(   )

07 진영이네 학교 학생 624명에게 부채를 한 개씩 나누어 주려고 합니다. 부채를 파는 곳에서 15 개씩 묶음으로만 판다면 최소 몇 묶음을 사야 하는지 구하세요.

유형 03 **B**

( )

08 비닐하우스에서 당근을 725 kg 수확했습니다. 이 당근을 10 kg씩 상자에 담아서 팔려고 합니다. 한 상자에 13000원씩 받고 판다면 당근을 팔아서 받을 수 있는 돈은 최대 얼마인지 구하세요.

유형 03 **A+**

( )

09 정인이와 유주는 14600원짜리 물감을 1개씩 샀습니다. 물감값을 정인이는 1000원짜리 지폐로, 유주는 10000원짜리 지폐로만 냈습니다. 두 사람이 낸 지폐 수의 차는 몇 장인지 구하세요. (단, 두 사람은 각자 가장 적게 지폐를 냈습니다.)

( )

10 어떤 자연수를 반올림하여 십의 자리까지 나타내었더니 2000이 되었습니다. 어떤 자연수가 될 수 있는 수의 범위를 이상과 미만을 이용하여 나타내세요.

유형 05 **C**

(   )

11 5장의 수 카드 중에서 3장을 뽑아 한 번씩 사용하여 세 자리 수를 만들려고 합니다. 만들 수 있는 수 중 365 초과 629 이하인 수는 모두 몇 개인지 구하세요.

유형 06 **B**

3   2   6   1   8

(   )

12 수학 체험전에 참가한 남학생 수를 올림하여 십의 자리까지 나타내면 140명이고, 여학생 수를 버림하여 십의 자리까지 나타내면 110명입니다. 수학 체험전에 참가한 학생 모두에게 기념 볼펜을 2자루씩 나누어 주려면 볼펜을 최소 몇 자루 준비해야 부족하지 않은지 구하세요.

(   )

2

분수의 곱셈

학습기록표

분수의 곱셈의 크기 비교

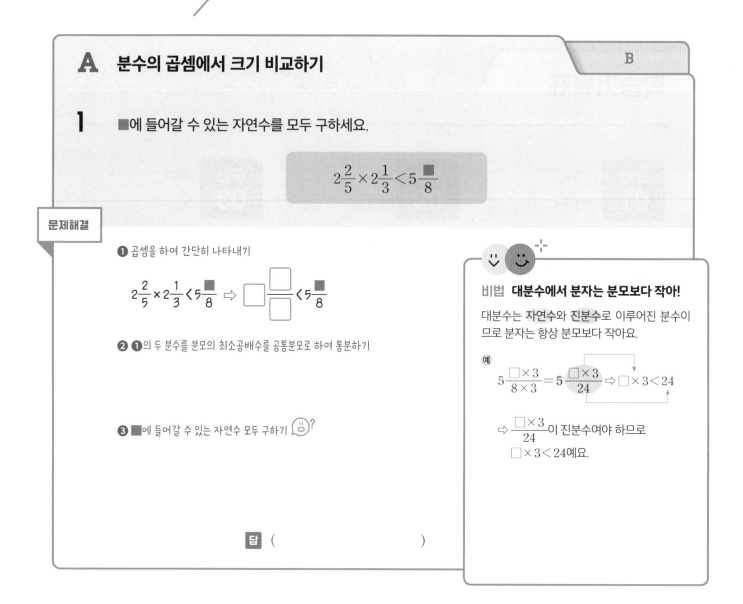

A 분수의 곱셈에서 크기 비교하기

B

1 ■에 들어갈 수 있는 자연수를 모두 구하세요.

$$2\frac{2}{5} \times 2\frac{1}{3} < 5\frac{\blacksquare}{8}$$

문제해결

❶ 곱셈을 하여 간단히 나타내기

$$2\frac{2}{5} \times 2\frac{1}{3} < 5\frac{\blacksquare}{8} \ \Rightarrow \ \square\frac{\square}{\square} < 5\frac{\blacksquare}{8}$$

❷ ❶의 두 분수를 분모의 최소공배수를 공통분모로 하여 통분하기

❸ ■에 들어갈 수 있는 자연수 모두 구하기

답 (   )

비법 대분수에서 분자는 분모보다 작아!

대분수는 자연수와 진분수로 이루어진 분수이므로 분자는 항상 분모보다 작아요.

(예)

$$5\frac{\square \times 3}{8 \times 3} = 5\frac{\square \times 3}{24} \ \Rightarrow \ \square \times 3 < 24$$

$$\Rightarrow \frac{\square \times 3}{24} \text{이 진분수여야 하므로}$$
$$\square \times 3 < 24 \text{예요.}$$

2 □ 안에 들어갈 수 있는 자연수를 모두 구하세요.

$$1\frac{5}{8} \times 2\frac{2}{9} < 3\frac{\square}{6}$$

(   )

3 □ 안에 들어갈 수 있는 자연수를 모두 구하세요.

$$\square\frac{1}{5} < 2\frac{1}{4} \times 2\frac{1}{3}$$

(   )

| A | **B** 단위분수의 곱셈에서 크기 비교하기 |

4 ■에 들어갈 수 있는 자연수를 모두 구하세요.

$$\frac{1}{42} < \frac{1}{5} \times \frac{1}{■} < \frac{1}{20}$$

문제해결

❶ 곱셈을 하여 간단히 나타내기

$$\frac{1}{42} < \frac{1}{5} \times \frac{1}{■} < \frac{1}{20} \Rightarrow \frac{1}{42} < \frac{1}{\square \times ■} < \frac{1}{20}$$

❷ ❶에서 분모의 크기 비교하기

❸ ■에 들어갈 수 있는 자연수 모두 구하기

답 ( )

비법 단위분수는 분모를 비교해!

단위분수가 클수록 분모는 작아져요.

분수: $\frac{1}{4}$ < $\frac{1}{3}$ < $\frac{1}{2}$

분모: 4 > 3 > 2

---

5 □ 안에 들어갈 수 있는 자연수를 모두 구하세요.

$$\frac{1}{50} < \frac{1}{7} \times \frac{1}{\square} < \frac{1}{25}$$

( )

6 □ 안에 들어갈 수 있는 자연수를 모두 구하세요.

$$\frac{1}{5} - \frac{1}{6} < \frac{1}{\square} \times \frac{1}{4} < \frac{1}{6} - \frac{1}{9}$$

( )

계산 결과가 자연수인 곱셈식

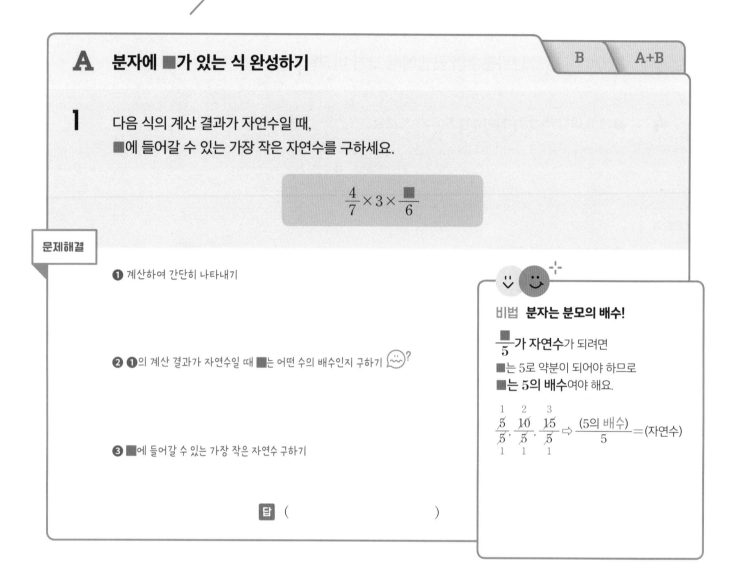

A 분자에 ■가 있는 식 완성하기

B A+B

1 다음 식의 계산 결과가 자연수일 때,
■에 들어갈 수 있는 가장 작은 자연수를 구하세요.

$$\frac{4}{7} \times 3 \times \frac{\blacksquare}{6}$$

문제해결

❶ 계산하여 간단히 나타내기

❷ ❶의 계산 결과가 자연수일 때 ■는 어떤 수의 배수인지 구하기

❸ ■에 들어갈 수 있는 가장 작은 자연수 구하기

답 (   )

비법 분자는 분모의 배수!

$\dfrac{\blacksquare}{5}$가 자연수가 되려면

■는 5로 약분이 되어야 하므로
■는 5의 배수여야 해요.

$$\frac{\overset{1}{\cancel{5}}}{5}, \frac{\overset{2}{\cancel{10}}}{5}, \frac{\overset{3}{\cancel{15}}}{5} \Rightarrow \frac{(5의\ 배수)}{5}=(자연수)$$

2 다음 식의 계산 결과가 자연수일 때, □ 안에 들어갈 수 있는 가장 작은 자연수를 구하세요.

$$1\frac{1}{2} \times \frac{2}{5} \times \frac{\square}{4}$$

(   )

3 다음 식의 계산 결과가 자연수일 때, □ 안에 들어갈 수 있는 자연수를 구하세요.

$$4 \times 1\frac{\square}{6} \times \frac{3}{11}$$

(   )

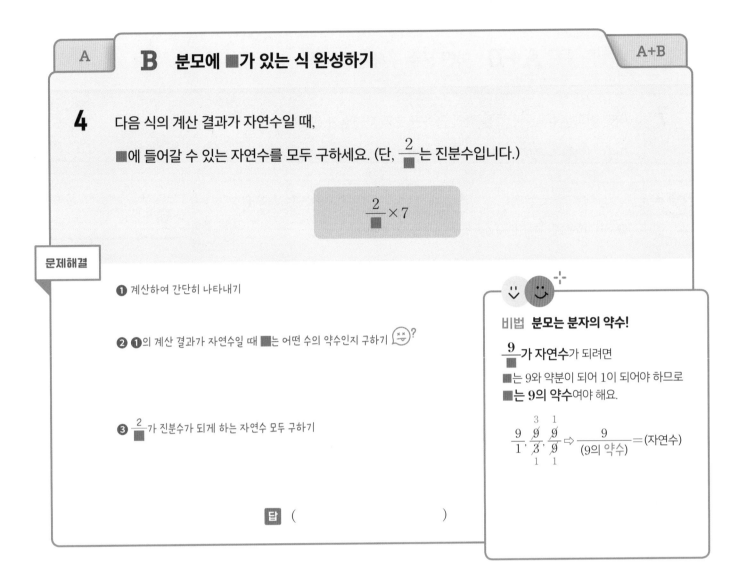

B 분모에 ■가 있는 식 완성하기

A | | A+B

4 다음 식의 계산 결과가 자연수일 때,

■에 들어갈 수 있는 자연수를 모두 구하세요. (단, $\dfrac{2}{■}$ 는 진분수입니다.)

$$\dfrac{2}{■} \times 7$$

문제해결

❶ 계산하여 간단히 나타내기

❷ ❶의 계산 결과가 자연수일 때 ■는 어떤 수의 약수인지 구하기 😐?

❸ $\dfrac{2}{■}$ 가 진분수가 되게 하는 자연수 모두 구하기

답 (   )

비법 분모는 분자의 약수!

$\dfrac{9}{■}$ 가 자연수가 되려면

■는 9와 약분이 되어 1이 되어야 하므로
■는 9의 약수여야 해요.

$$\dfrac{9}{1}, \dfrac{\overset{3}{\cancel{9}}}{\underset{1}{\cancel{3}}}, \dfrac{\overset{1}{\cancel{9}}}{\underset{1}{\cancel{9}}} \Rightarrow \dfrac{9}{(9의\ 약수)} = (자연수)$$

5 다음 식의 계산 결과가 자연수일 때, ☐ 안에 들어갈 수 있는 자연수를 모두 구하세요.

(단, $\dfrac{3}{☐}$ 은 진분수입니다.)

$$\dfrac{3}{☐} \times 8$$

(   )

6 ☐ 안에 들어갈 수 있는 자연수를 모두 구하세요. (단, $\dfrac{5}{☐}$ 는 진분수입니다.)

$$1\dfrac{2}{3} \times 2\dfrac{2}{5} \times \dfrac{5}{☐} = (자연수)$$

(   )

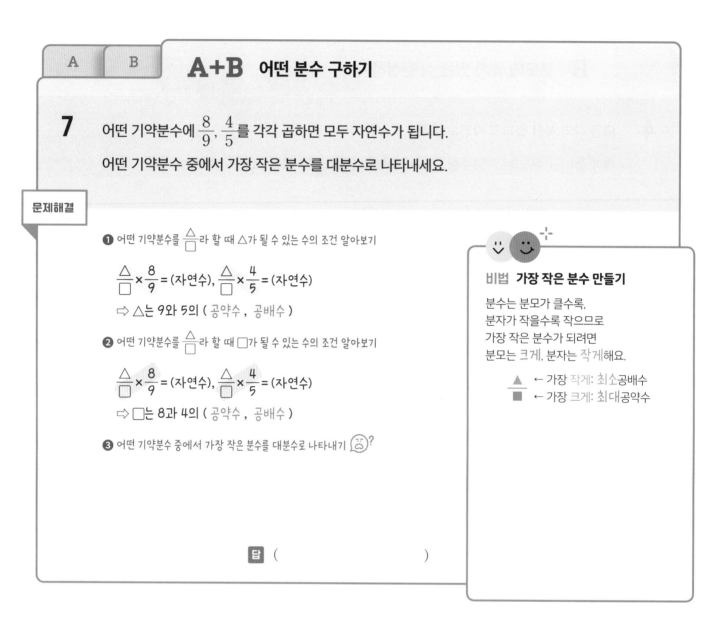

A	B

A+B 어떤 분수 구하기

7 어떤 기약분수에 $\dfrac{8}{9}$, $\dfrac{4}{5}$를 각각 곱하면 모두 자연수가 됩니다.
어떤 기약분수 중에서 가장 작은 분수를 대분수로 나타내세요.

문제해결

❶ 어떤 기약분수를 $\dfrac{\triangle}{\square}$라 할 때 $\triangle$가 될 수 있는 수의 조건 알아보기

$\dfrac{\triangle}{\square} \times \dfrac{8}{9} = $ (자연수), $\dfrac{\triangle}{\square} \times \dfrac{4}{5} = $ (자연수)

⇨ $\triangle$는 9와 5의 (공약수 , 공배수)

❷ 어떤 기약분수를 $\dfrac{\triangle}{\square}$라 할 때 $\square$가 될 수 있는 수의 조건 알아보기

$\dfrac{\triangle}{\square} \times \dfrac{8}{9} = $ (자연수), $\dfrac{\triangle}{\square} \times \dfrac{4}{5} = $ (자연수)

⇨ $\square$는 8과 4의 (공약수 , 공배수)

❸ 어떤 기약분수 중에서 가장 작은 분수를 대분수로 나타내기 😖?

비법 가장 작은 분수 만들기

분수는 분모가 클수록,
분자가 작을수록 작으므로
가장 작은 분수가 되려면
분모는 크게, 분자는 작게해요.

▲ ← 가장 작게: 최소공배수
■ ← 가장 크게: 최대공약수

답 (   )

8 어떤 기약분수에 $\dfrac{4}{9}$, $\dfrac{16}{21}$을 각각 곱하면 모두 자연수가 됩니다. 어떤 기약분수 중에서 가장 작은
분수를 대분수로 나타내세요.

(   )

9 어떤 기약분수에 $4\dfrac{4}{5}$, $2\dfrac{4}{7}$를 각각 곱하면 모두 자연수가 됩니다. 어떤 기약분수 중에서 가장 작은
분수를 대분수로 나타내세요. ── 곱셈을 하려면 대분수를 가분수로 먼저 바꿔야 해요.

(   )

유형 03 수 카드로 곱셈식 만들기

A 조건에 알맞은 분수를 만들어 곱셈하기

B | **C**

1 수 카드 4장 중에서 3장을 골라 한 번씩만 사용하여
만들 수 있는 가장 큰 대분수와 가장 작은 대분수의 곱을 구하세요.

`4` `3` `5` `2`

문제해결

❶ 가장 큰 대분수 만들기

❷ 가장 작은 대분수 만들기

❸ ❶과 ❷에서 만든 두 대분수의 곱 구하기

답 ( )

> **비법 가장 큰 대분수 만들기**
>
> 대분수는 자연수 부분이 클수록 큰 수이므로 자연수 부분에 가장 큰 수를 놓고, 나머지 수 카드로 가장 큰 진분수를 만들어요.
>
> 가장 큰 대분수: ■ □/□
> └ 가장 큰 수

2 수 카드 4장 중에서 3장을 골라 한 번씩만 사용하여 만들 수 있는 가장 큰 대분수와 가장 작은 대분수의 곱을 구하세요.

`7` `4` `1` `5`

( )

3 수 카드 5장 중에서 3장을 골라 한 번씩만 사용하여 만들 수 있는 가장 큰 대분수와 두 번째로 작은 대분수의 곱을 구하세요.

`9` `2` `8` `6` `3`

( )

A   **B 곱이 가장 작은 곱셈식 만들기**   C

4 수 카드를 모두 한 번씩 사용하여
곱이 가장 작게 되는 (대분수) × (자연수)를 만들었을 때의 곱을 구하세요.

5   2   7   3

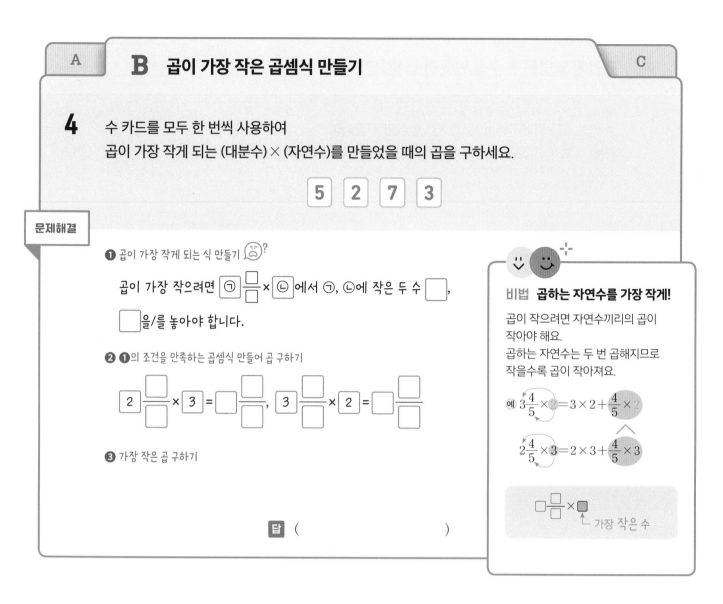

문제해결

❶ 곱이 가장 작게 되는 식 만들기

곱이 가장 작으려면 ㉠□/□ × ㉡에서 ㉠, ㉡에 작은 두 수 □,
□을/를 놓아야 합니다.

❷ ❶의 조건을 만족하는 곱셈식 만들어 곱 구하기

2 □/□ × 3 = □ □/□ ,   3 □/□ × 2 = □ □/□

❸ 가장 작은 곱 구하기

답 (   )

비법 곱하는 자연수를 가장 작게!

곱이 작으려면 자연수끼리의 곱이
작아야 해요.
곱하는 자연수는 두 번 곱해지므로
작을수록 곱이 작아져요.

예 $3\frac{4}{5} \times 2 = 3 \times 2 + \frac{4}{5} \times 2$

$2\frac{4}{5} \times 3 = 2 \times 3 + \frac{4}{5} \times 3$

□ □/□ × ■
         └ 가장 작은 수

5 수 카드를 모두 한 번씩 사용하여 곱이 가장 작게 되는 (대분수) × (자연수)를 만들었을 때의 곱을
구하세요.

3   9   4   7

(   )

6 수 카드를 모두 한 번씩 사용하여 다음과 같은 곱셈식을 만들려고 합니다. 계산 결과가 가장 작은
곱셈식을 만들었을 때의 곱을 구하세요.

2   5   1   8   6   4   □/□ × □/□ × □/□

(   )

| A | B | **C 곱이 가장 큰 곱셈식 만들기** |

7 수 카드를 모두 한 번씩 사용하여
곱이 가장 크게 되는 (자연수) × (대분수)를 만들었을 때의 곱을 구하세요.

$$\boxed{3}\quad\boxed{5}\quad\boxed{4}\quad\boxed{6}$$

문제해결

❶ 곱이 가장 크게 되는 식 만들기

곱이 가장 크려면 $\boxed{㉠} \times \boxed{㉡}\dfrac{\boxed{}}{\boxed{}}$ 에서 ㉠, ㉡에 큰 두 수 $\boxed{}$, $\boxed{}$

을/를 놓아야 합니다.

❷ ❶의 조건을 만족하는 곱셈식 만들어 곱 구하기

$$\boxed{6} \times \boxed{5}\dfrac{\boxed{}}{\boxed{}} = \boxed{}\dfrac{\boxed{}}{\boxed{}}, \quad \boxed{5} \times \boxed{6}\dfrac{\boxed{}}{\boxed{}} = \boxed{}\dfrac{\boxed{}}{\boxed{}}$$

❸ 가장 큰 곱 구하기

답 (   )

비법 곱해지는 자연수를 가장 크게!

곱이 크려면 자연수끼리의 곱이 커야 해요.
곱해지는 자연수는 두 번 곱해지므로 클수록 곱이 커져요.

예 $4 \times 5\dfrac{2}{3} = 4 \times 5 + 4 \times \dfrac{2}{3}$

$5 \times 4\dfrac{2}{3} = 5 \times 4 + 5 \times \dfrac{2}{3}$

$$\blacksquare \times \boxed{}\dfrac{\boxed{}}{\boxed{}}$$

가장 큰 수

8 수 카드를 모두 한 번씩 사용하여 곱이 가장 크게 되는 (자연수) × (대분수)를 만들었을 때의 곱을 구하세요.

$$\boxed{7}\quad\boxed{2}\quad\boxed{8}\quad\boxed{3}$$

(   )

9 수 카드를 모두 한 번씩 사용하여 곱이 가장 크게 되는 (진분수) × (대분수)를 만들었을 때의 곱을 구하세요.

$$\boxed{2}\quad\boxed{3}\quad\boxed{6}\quad\boxed{4}\quad\boxed{9}$$

(   )

전체를 등분한 부분 구하기

A 도형을 똑같이 나눌 때 색칠한 부분의 넓이 구하기 　　　　　B

1 오른쪽과 같이 가로가 $2\frac{1}{4}$ cm, 세로가 $1\frac{2}{3}$ cm인 직사각형을 똑같이 여섯으로 나누었습니다.
색칠한 부분의 넓이는 몇 cm²인지 구하세요.

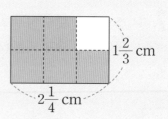

문제해결

❶ 색칠한 부분은 전체의 얼마인지 분수로 나타내기 ?

❷ 색칠한 부분의 넓이 구하기

비법 분수로 나타내는 방법

전체를 똑같이 나눈 것 중의 부분은 분수로 나타낼 수 있어요.

 ⇨ 8칸 중 1칸
　: 전체의 $\frac{1}{8}$

 ⇨ 8칸 중 5칸
　: 전체의 $\frac{5}{8}$

(분수)＝$\dfrac{(부분)}{(전체)}$

답 (　　　　　　　　)

2 오른쪽과 같이 한 변의 길이가 $2\frac{2}{5}$ m인 정사각형을 똑같이 여덟로 나누었습니다. 색칠한 부분의 넓이는 몇 m²인지 구하세요.

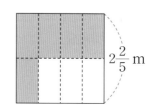

(　　　　　　　　)

3 오른쪽 직사각형 ㄱㄴㄷㄹ의 넓이가 $15\frac{1}{3}$ cm²입니다. 선분 ㄱㅁ과 선분 ㅁㄹ, 선분 ㄱㅂ과 선분 ㅂㄴ의 길이가 각각 같을 때 색칠한 부분의 넓이는 몇 cm²인지 구하세요.

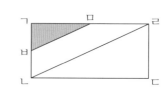

(　　　　　　　　)

A B 수직선에서 등분한 한 점이 나타내는 값 구하기

4 수직선에서 $\frac{1}{10}$과 $\frac{1}{4}$ 사이를 3등분 하였습니다. ■에 알맞은 수를 구하세요.

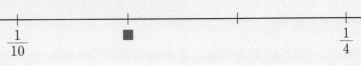

문제해결

❶ $\frac{1}{10}$과 $\frac{1}{4}$ 사이의 거리 구하기

❷ 눈금 한 칸의 크기 구하기

❸ ■에 알맞은 수 구하기 ☺?

답 (   )

비법 눈금 한 칸의 크기를 더해!

⇨ ■ = ▲ + (눈금 한 칸의 크기)
　　= ▲ + (전체의 $\frac{1}{4}$)

■는 ▲에서 오른쪽으로 눈금 한 칸을 더 갔으므로 눈금 한 칸의 크기만큼 더해야 해요.

5 수직선에서 $1\frac{1}{2}$과 $3\frac{2}{3}$ 사이를 4등분 하였습니다. ☐ 안에 알맞은 수를 구하세요.

(   )

6 수직선에서 $3\frac{1}{6}$과 $5\frac{1}{4}$ 사이를 5등분 하였습니다. ☐ 안에 알맞은 수를 구하세요.

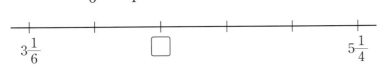

☐는 $3\frac{1}{6}$과 $5\frac{1}{4}$ 사이를 5등분 한 것 중의 2칸 만큼을 $3\frac{1}{6}$에서 더 간 곳이에요.

(   )

부분의 양 구하기

A 부분은 전체의 얼마인지 구하기

B B+ B++

1 주영이네 반 학생 중 $\frac{3}{5}$은 여학생이고, 그중에서 $\frac{1}{3}$은 음악을 좋아합니다.

음악을 좋아하는 여학생 중 $\frac{1}{2}$이 피아노를 배운다면

피아노를 배우는 여학생은 반 전체 학생의 몇 분의 몇인지 구하세요.

문제해결

❶ 음악을 좋아하는 여학생은 반 전체 학생의 몇 분의 몇인지 구하기

❷ 피아노를 배우는 여학생은 반 전체 학생의 몇 분의 몇인지 구하기 ?

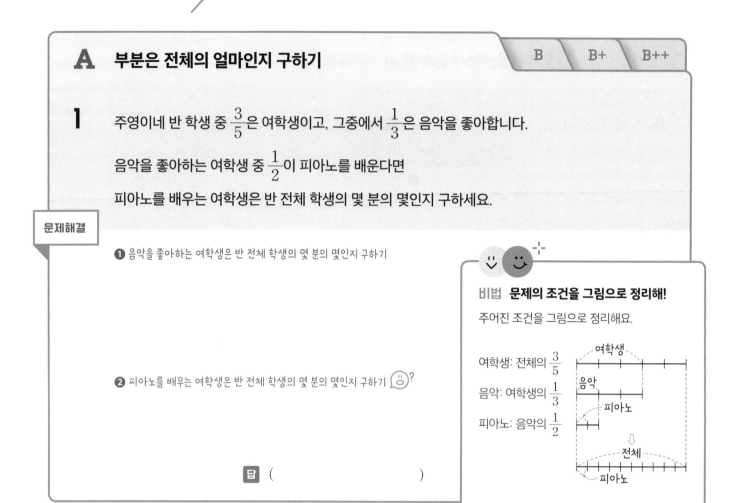

비법 **문제의 조건을 그림으로 정리해!**

주어진 조건을 그림으로 정리해요.

여학생: 전체의 $\frac{3}{5}$

음악: 여학생의 $\frac{1}{3}$

피아노: 음악의 $\frac{1}{2}$

답 (   )

2 태호네 학교 학생의 $\frac{4}{7}$는 운동을 좋아하고, 그중에서 $\frac{3}{4}$은 구기종목을 좋아합니다. 구기종목을 좋아하는 학생 중 $\frac{5}{6}$가 남학생이라면 구기종목을 좋아하는 남학생은 전체 학생의 몇 분의 몇인지 구하세요.

(   )

3 규현이네 집 마당의 $\frac{2}{5}$는 꽃밭이고, 꽃밭의 $\frac{7}{8}$에 꽃을 심었습니다. 심은 꽃의 $\frac{4}{7}$가 장미라면 장미를 심지 않은 부분은 전체 마당의 몇 분의 몇인지 구하세요.

(   )

| A | **B** 남은 부분은 전체의 얼마인지 구하기 | B+ | B++ |

4 주영이네 집에 있는 책 중에서 전체의 $\frac{1}{4}$은 시집이고, 나머지의 $\frac{2}{3}$는 역사책입니다.

역사책은 주영이네 집에 있는 책 전체의 몇 분의 몇인지 구하세요.

문제해결

❶ 시집을 제외한 나머지 부분은 전체의 몇 분의 몇인지 구하기

❷ 역사책은 전체의 몇 분의 몇인지 구하기 ?

비법 문제의 조건을 그림으로 정리해!

시집: 전체의 $\frac{1}{4}$

역사책: 나머지의 $\frac{2}{3}$

⇨ 역사책은 전체의 몇 분의 몇인지 그림으로 나타내면 알기 쉬워요.

답 (   )

5 지호는 가지고 있던 돈의 $\frac{2}{5}$로 학용품을 사고, 남은 돈의 $\frac{1}{6}$로 음료수를 샀습니다. 지호가 음료수를 사는 데 쓴 돈은 처음 가지고 있던 돈의 몇 분의 몇인지 구하세요.

(   )

6 윤하네 집은 가지고 있던 밀가루를 지난달까지 전체의 $\frac{7}{12}$을 사용했고, 이번 달에는 나머지의 $\frac{3}{5}$을 사용했습니다. 이번 달까지 사용하고 남은 밀가루는 전체의 몇 분의 몇인지 구하세요.

(   )

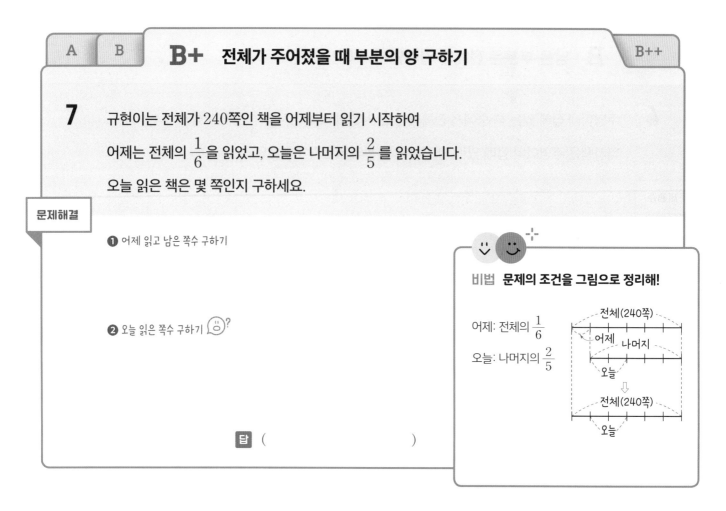

| A | B | **B+** 전체가 주어졌을 때 부분의 양 구하기 | B++ |

7 규현이는 전체가 240쪽인 책을 어제부터 읽기 시작하여

어제는 전체의 $\frac{1}{6}$을 읽었고, 오늘은 나머지의 $\frac{2}{5}$를 읽었습니다.

오늘 읽은 책은 몇 쪽인지 구하세요.

문제해결

❶ 어제 읽고 남은 쪽수 구하기

❷ 오늘 읽은 쪽수 구하기

비법 문제의 조건을 그림으로 정리해!

어제: 전체의 $\frac{1}{6}$

오늘: 나머지의 $\frac{2}{5}$

전체(240쪽)
어제   나머지
오늘
⇩
전체(240쪽)
오늘

답 (   )

8 도영이는 거리가 6 km인 산책로를 따라 산책을 하였습니다. 전체 거리의 $\frac{2}{3}$는 자전거를 타고

갔고, 나머지 거리의 $\frac{3}{4}$은 걸어갔습니다. 도영이가 걸어간 거리는 몇 km인지 구하세요.

(   )

9 어느 박물관에 입장한 사람 1000명 중 $\frac{5}{8}$는 여자이고, 남자의 $\frac{2}{3}$는 어린이입니다. 박물관에 입

장한 남자 어린이는 몇 명인지 구하세요.

(   )

| A | B | B+ |

B++   전체가 주어졌을 때 남은 양 구하기

문제해결

10 지민이는 넓이가 300 cm^2인 종이의 $\dfrac{3}{4}$으로 동물 모양을 만들고,

나머지의 $\dfrac{2}{3}$로 꽃 모양을 만들었습니다.

모양을 만들고 남은 종이의 넓이는 몇 cm^2인지 구하세요.

❶ 동물 모양을 만들고 남은 종이의 넓이 구하기

❷ 꽃 모양을 만든 종이의 넓이 구하기

❸ 동물 모양과 꽃 모양을 만들고 남은 종이의 넓이 구하기 ?

답 (   )

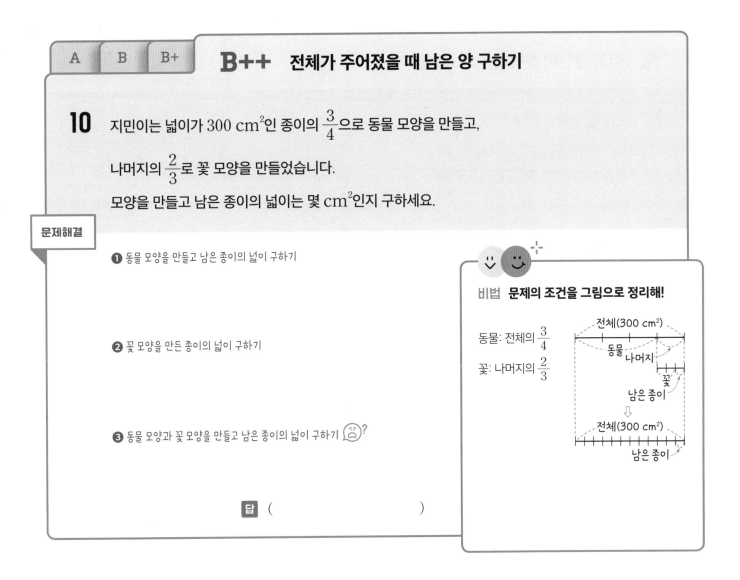

비법 **문제의 조건을 그림으로 정리해!**

동물: 전체의 $\dfrac{3}{4}$

꽃: 나머지의 $\dfrac{2}{3}$

11 현민이는 6000원을 가지고 있었습니다. 현민이가 가지고 있던 돈의 $\dfrac{1}{5}$로 간식을 사고, 나머지

의 $\dfrac{3}{8}$으로 공책을 샀습니다. 남은 돈은 얼마인지 구하세요.

(   )

12 지수는 하루의 $\dfrac{3}{8}$은 잠을 자고, 나머지의 $\dfrac{2}{5}$는 학교에서 생활합니다. 잠자는 시간과 학교에서 생

활하는 시간을 뺀 시간의 $\dfrac{1}{3}$은 여가 시간입니다. 지수의 여가 시간은 몇 시간인지 구하세요.

(   )

규칙을 찾아 곱셈하기

A 식을 간단히 하여 분수의 곱셈하기

B

1 다음을 계산해 보세요.

$$\left(1-\frac{1}{2}\right)\times\left(1-\frac{1}{3}\right)\times\left(1-\frac{1}{4}\right)\times\left(1-\frac{1}{5}\right)\times\left(1-\frac{1}{6}\right)$$

문제해결

❶ 식을 간단히 하기

$$\left(1-\frac{1}{2}\right)\times\left(1-\frac{1}{3}\right)\times\left(1-\frac{1}{4}\right)\times\left(1-\frac{1}{5}\right)\times\left(1-\frac{1}{6}\right)$$

$$=\frac{\square}{2}\times\frac{\square}{3}\times\frac{\square}{4}\times\frac{\square}{5}\times\frac{\square}{6}$$

❷ 규칙을 찾아 계산하기 😵?

비법 약분이 되는 규칙을 찾아!

여러 개의 분수를 곱할 때에는
계산하지 않고
약분이 되는 규칙이 있는지 찾아봐요.

➡ 약분이 되면 계산이 간단해져요.

답 (   )

2 다음을 계산해 보세요.

$$\left(1+\frac{2}{3}\right)\times\left(1+\frac{2}{5}\right)\times\left(1+\frac{2}{7}\right)\times\left(1+\frac{2}{9}\right)\times\left(1+\frac{2}{11}\right)$$

(   )

3 다음을 계산해 보세요.

$$\left(1+\frac{1}{4}\right)\times\left(1+\frac{1}{5}\right)\times\left(1+\frac{1}{6}\right)\times\cdots\cdots\times\left(1+\frac{1}{24}\right)$$

(   )

A	**B**	**규칙을 찾아 넓이 구하기**

4 오른쪽 그림은 정사각형의 각 변의 한가운데 점을 이어서
정사각형을 계속 그린 것입니다.
색칠한 부분의 넓이는 몇 cm^2인지 구하세요.

$5\frac{1}{2}$ cm

문제해결

❶ 각 변의 한가운데 점을 이어 그린 도형은 그리기 전 도형의 몇 분의 몇인지 구하기 ?

1

$\frac{1}{2}$ 의

❷ 색칠한 부분의 넓이 구하기

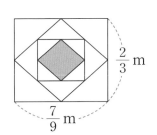

비법 **그리기 전 도형의 얼마가
되는지 규칙을 찾아!**

한가운데 점을 이어 그린 도형과
그리기 전 도형의 넓이를 비교하여
규칙을 찾아봐요.

⇨ 한가운데 점을 이어 그린 도형은
그리기 전 도형의 $\frac{1}{2}$ 이 돼요.

답 ( )

5 오른쪽 그림은 직사각형의 각 변의 한가운데 점을 이어서 직사각형
을 계속 그린 것입니다. 색칠한 부분의 넓이는 몇 m^2인지 구하세요.

$\frac{2}{3}$ m

$\frac{7}{9}$ m

( )

6 오른쪽 그림은 정삼각형의 각 변의 한가운데 점을 이어서 정삼각형을 계
속 그린 것입니다. 처음 정삼각형의 넓이가 50 cm^2일 때, 색칠한 부분
의 넓이는 몇 cm^2인지 구하세요.

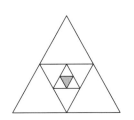

( )

실생활에서의 분수의 곱셈

A 튀어 오른 공의 높이 구하기

B C C+

1 떨어진 높이의 $\frac{2}{3}$만큼 튀어 오르는 공이 있습니다.

이 공을 15 m 높이에서 떨어뜨렸을 때, 두 번째로 튀어 오른 공의 높이는 몇 m인지 구하세요.

문제해결

❶ 첫 번째로 튀어 오른 공의 높이 구하기 ☺?

❷ 두 번째로 튀어 오른 공의 높이 구하기

답 (   )

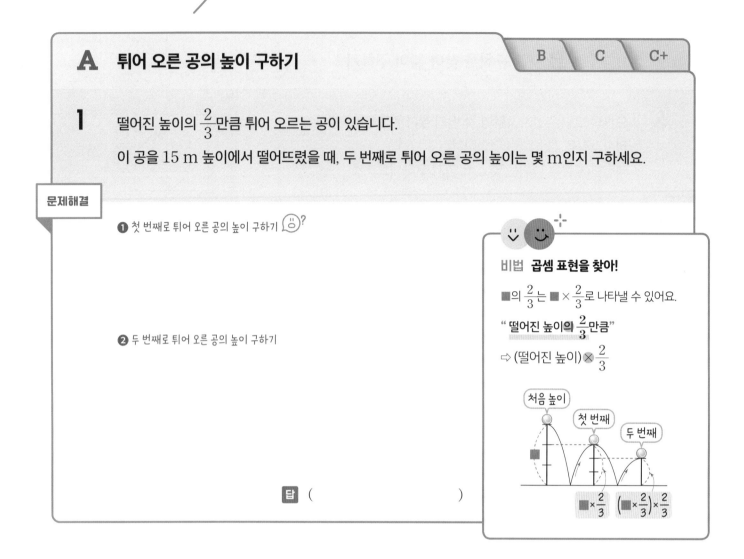

비법 **곱셈 표현을 찾아!**

■의 $\frac{2}{3}$는 ■ $\times \frac{2}{3}$로 나타낼 수 있어요.

" 떨어진 높이의 $\frac{2}{3}$만큼"

⇨ (떨어진 높이) $\times \frac{2}{3}$

2 떨어진 높이의 $\frac{3}{4}$만큼 튀어 오르는 공이 있습니다. 이 공을 24 m 높이에서 떨어뜨렸을 때, 세 번째로 튀어 오른 공의 높이는 몇 m인지 구하세요.

(   )

3 떨어진 높이의 $\frac{3}{5}$만큼 튀어 오르는 공이 있습니다. 이 공을 30 m 높이에서 떨어뜨렸을 때, 공이 세 번째로 땅에 닿을 때까지 움직인 거리는 모두 몇 m인지 구하세요.

움직인 거리는 공이 처음 떨어진 높이와 첫 번째와 두 번째로 튀어 오르고 떨어진 모든 거리의 합을 구해야 해요.

(   )

B 고장 난 시계가 가리키는 시각 구하기

4 준우의 시계는 하루에 $1\frac{1}{2}$분씩 늦게 갑니다.

준우의 시계를 오늘 오전 8시에 정확히 맞추어 놓았습니다.
2주일 후 오전 8시에 준우의 시계가 가리키는 시각은 오전 몇 시 몇 분인지 구하세요.

문제해결

❶ 시계가 2주일 동안 늦어지는 시간 구하기 😵?

❷ 2주일 후 오전 8시에 시계가 가리키는 시각 구하기

답 오전 (   )

비법 곱셈 표현을 찾아!

일정한 크기만큼 늘어나면 곱셈식으로 나타낼 수 있어요.

"하루에 $1\frac{1}{2}$분씩 늦게"

⇨ 2일 후 $\left(1\frac{1}{2} \times 2\right)$분 늦게

3일 후 $\left(1\frac{1}{2} \times 3\right)$분 늦게

⋮

2주일 후 $\left(1\frac{1}{2} \times 14\right)$분 늦게

---

5 수진이의 시계는 한 시간에 $6\frac{2}{3}$초씩 빠르게 갑니다. 수진이의 시계를 오늘 오후 3시에 정확하게

맞추어 놓았습니다. 내일 오전 3시에 수진이의 시계가 가리키는 시각은 오전 몇 시 몇 분 몇 초인지 구하세요.

오전 (   )

6 정호의 시계는 하루에 $1\frac{1}{5}$분씩 빠르게 가고 도현이의 시계는 하루에 $1\frac{5}{6}$분씩 늦게 갑니다. 9월

1일 오전 10시에 두 사람의 시계를 정확하게 맞추어 놓았습니다. 10월 1일 오전 10시에 두 시계가 가리키는 시각은 몇 시간 몇 분 차이가 나는지 구하세요.

(   )

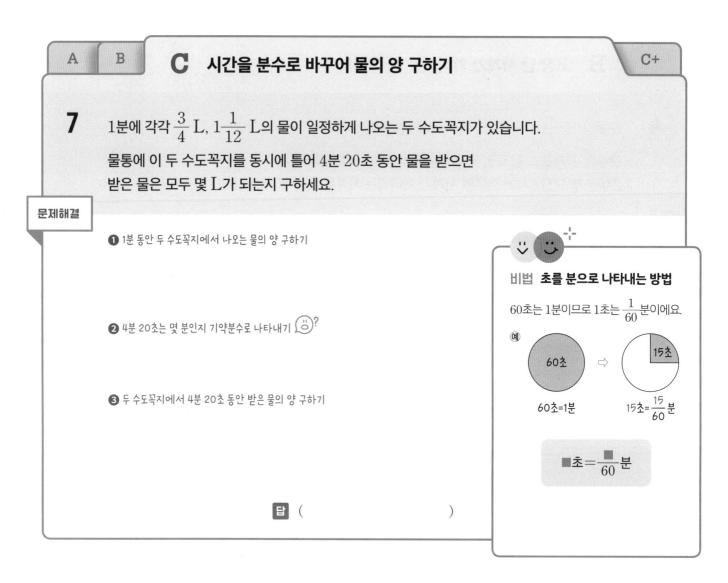

C 시간을 분수로 바꾸어 물의 양 구하기

7 1분에 각각 $\frac{3}{4}$ L, $1\frac{1}{12}$ L의 물이 일정하게 나오는 두 수도꼭지가 있습니다.

물통에 이 두 수도꼭지를 동시에 틀어 4분 20초 동안 물을 받으면

받은 물은 모두 몇 L가 되는지 구하세요.

문제해결

❶ 1분 동안 두 수도꼭지에서 나오는 물의 양 구하기

❷ 4분 20초는 몇 분인지 기약분수로 나타내기

❸ 두 수도꼭지에서 4분 20초 동안 받은 물의 양 구하기

비법 **초를 분으로 나타내는 방법**

60초는 1분이므로 1초는 $\frac{1}{60}$ 분이에요.

(예)

60초 ⇨ 15초

60초=1분   15초=$\frac{15}{60}$ 분

■초=$\frac{■}{60}$ 분

답 (   )

8 1분에 각각 $\frac{3}{5}$ L, $\frac{9}{10}$ L의 물이 일정하게 나오는 두 수도꼭지가 있습니다. 수조에 이 두 수도꼭

지를 동시에 틀어 7분 15초 동안 물을 받으면 받은 물은 모두 몇 L가 되는지 구하세요.

(   )

9 물이 1분에 $1\frac{2}{3}$ L씩 일정하게 나오는 수도꼭지로 물통에 물을 받으려고 합니다. 이 물통에 구멍

이 나서 1분에 $\frac{2}{9}$ L씩 물이 일정하게 샌다면 5분 24초 동안 물통에 받는 물은 몇 L가 되는지

구하세요.

(   )

A	B	C

C+ 시간을 분수로 바꾸어 거리 구하기

10 30분에 $35\frac{1}{2}$ km를 달리는 자동차가 있습니다.

이 자동차가 같은 빠르기로 1시간 40분 동안 몇 km를 달릴 수 있는지 구하세요.

문제해결

❶ 1시간 동안 달리는 거리 구하기 ?

❷ 1시간 40분은 몇 시간인지 기약분수로 나타내기

❸ 1시간 40분 동안 달리는 거리 구하기

답 (   )

비법 1시간 단위의 거리를 구해!

1시간은 60분이므로
1시간(60분)은 30분의 2배예요.

" 30분에 $35\frac{1}{2}$ km를 달리는"

⇨ (1시간에 달리는 거리)
   = (30분에 달리는 거리) × 2

11 20분에 $27\frac{1}{3}$ km를 달리는 자동차가 있습니다. 이 자동차가 같은 빠르기로 2시간 45분 동안

몇 km를 달릴 수 있는지 구하세요.

(   )

12 2시간 동안 $102\frac{1}{4}$ km를 달리는 자동차가 있습니다. 이 자동차가 같은 빠르기로 15분 동안 몇

km를 달릴 수 있는지 구하세요.

(   )

01

유형 04 Ⓐ

오른쪽과 같이 넓이가 $\frac{16}{25}$ cm^{2}인 정사각형을 똑같이 넷으로 나누었습니다. 색칠한 부분의 넓이는 몇 cm^{2}인지 구하세요.

(   )

02

유형 01 Ⓑ

□ 안에 들어갈 수 있는 자연수를 모두 구하세요.

$$\frac{1}{40} < \frac{1}{9} \times \frac{1}{\square} < \frac{1}{23}$$

(   )

03

유형 03 Ⓑ

수 카드를 모두 한 번씩 사용하여 곱이 가장 작게 되는 (대분수) × (자연수)를 만들었을 때의 곱을 구하세요.

$$\boxed{3} \quad \boxed{2} \quad \boxed{5} \quad \boxed{4}$$

(   )

04

유형 02 **A**

다음 식의 계산 결과가 자연수일 때, □ 안에 들어갈 수 있는 가장 작은 자연수를 구하세요.

$$1\frac{2}{3} \times \frac{4}{5} \times \frac{\square}{3}$$

(   )

05

유형 04 **B**

수직선에서 $2\frac{1}{2}$과 $4\frac{3}{4}$ 사이를 5등분 하였습니다. □ 안에 알맞은 수를 구하세요.

(   )

06

유형 05 **B**

예준이네 학교 학생의 $\frac{1}{4}$은 5학년이고, 그중 $\frac{2}{5}$는 예준이네 반 학생입니다. 예준이네 반 학생 중 $\frac{5}{8}$가 여학생일 때, 예준이네 반 남학생은 학교 전체 학생의 몇 분의 몇인지 구하세요.

(   )

07 서로 평행한 두 면의 눈의 수의 합이 7인 주사위를 세 번 던졌더니 다음과 같았습니다. 바닥에 놓인 면의 눈의 수 중에서 2개를 골라 한 번씩만 사용하여 진분수를 만들었습니다. 만들 수 있는 가장 큰 진분수와 가장 작은 진분수의 곱을 구하세요.

(   )

08 일정한 규칙에 따라 분수를 늘어놓았습니다. 첫 번째 분수부터 13번째 분수까지 모두 곱하면 얼마인지 구하세요.

유형 06 Ⓐ

$$\frac{9}{10}, \frac{10}{11}, \frac{11}{12}, \frac{12}{13}, \frac{13}{14}, \frac{14}{15} \cdots\cdots$$

(   )

09 떨어진 높이의 $\frac{2}{5}$만큼 튀어 오르는 공이 있습니다. 이 공을 25 m 높이에서 떨어뜨렸을 때, 세 번째로 튀어 오른 공의 높이는 몇 m인지 구하세요.

유형 07 Ⓐ

(   )

10 유형 07 C

물이 1분에 $1\frac{1}{4}$ L씩 일정하게 나오는 수도꼭지로 물통에 물을 받으려고 합니다. 이 물통에 구멍이 나서 1분에 $\frac{3}{8}$ L씩 물이 일정하게 샌다면 4분 20초 동안 물통에 받는 물은 몇 L가 되는지 구하세요.

(   )

11

선주가 가지고 있던 밀가루의 $\frac{1}{5}$로 쿠키를 만들고, 나머지의 $\frac{3}{4}$으로 빵을 만들었습니다. 쿠키와 빵을 만들고 남은 밀가루가 2 kg일 때, 선주가 처음에 가지고 있던 밀가루는 몇 kg인지 구하세요.

(   )

12 유형 07 B

주아의 시계는 한 시간에 $5\frac{1}{3}$초씩 빠르게 갑니다. 주아의 시계를 오늘 오전 9시에 정확하게 맞추어 놓았습니다. 내일 오전 9시에 주아의 시계가 가리키는 시각은 오전 몇 시 몇 분 몇 초인지 구하세요.

오전 (   )

합동과 대칭

학습기록표

대응변의 성질

A 합동인 도형에서 삼각형의 둘레 구하기

B C D

1 오른쪽은 서로 합동인 두 삼각형을 붙여 만든 도형입니다.
만든 도형의 둘레는 몇 cm인지 구하세요.

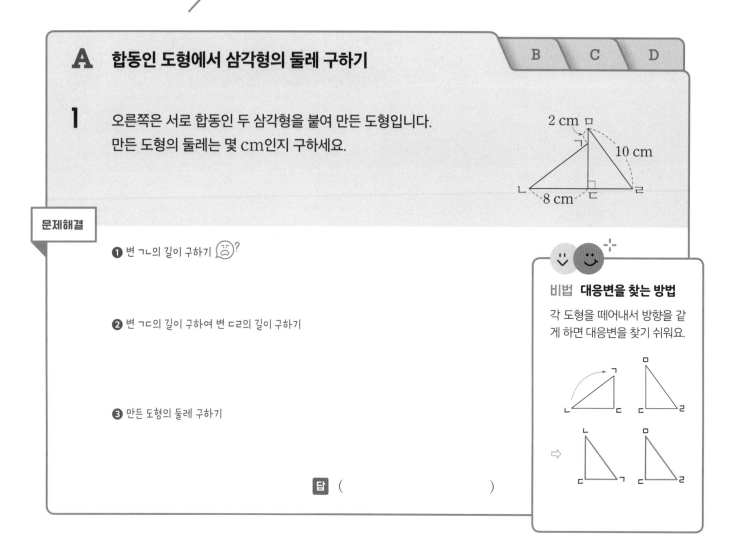

문제해결

❶ 변 ㄱㄴ의 길이 구하기 😣?

❷ 변 ㄱㄷ의 길이 구하여 변 ㄷㄹ의 길이 구하기

❸ 만든 도형의 둘레 구하기

답 (   )

비법 대응변을 찾는 방법

각 도형을 떼어내서 방향을 같
게 하면 대응변을 찾기 쉬워요.

2 오른쪽은 서로 합동인 두 삼각형을 붙여 만든 도형입니다. 만든 도형
의 둘레는 몇 cm인지 구하세요.

(   )

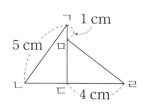

3 오른쪽 그림에서 두 삼각형은 서로 합동입니다. 삼각형 ㄱㄴㄷ의
둘레는 몇 cm인지 구하세요.

(   )

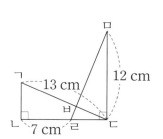

| A | **B** 선대칭도형에서 선분의 길이 구하기 | C | D |

4 오른쪽 도형은 선분 ㄱㄷ을 대칭축으로 하는 선대칭도형입니다.
선분 ㄴㄹ의 길이는 몇 cm인지 구하세요.

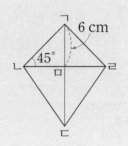

문제해결

❶ 각 ㄴㅁㄱ의 크기 구하기

❷ 삼각형 ㄱㄴㅁ에서 선분 ㄴㅁ의 길이 구하기

❸ 선분 ㄴㄹ의 길이 구하기 ?

답 (   )

비법 선분과 대칭축의 관계

선대칭도형은 대칭축을 따라 접으면
완전히 겹쳐요.

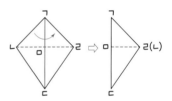

⇨ 선분 ㄴㅁ과 선분 ㄹㅁ이 완전히
겹치므로
(선분 ㄴㅁ) = (선분 ㄹㅁ)

5 오른쪽 도형은 선분 ㄴㄹ을 대칭축으로 하는 선대칭도형입니다. 선분 ㄱㄷ
의 길이는 몇 cm인지 구하세요.

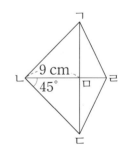

(   )

6 오른쪽 도형은 선분 ㄴㄹ을 대칭축으로 하는 선대칭도형입니다. 변
ㄱㄴ의 길이는 몇 cm인지 구하세요.

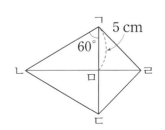

(   )

C 둘레가 주어진 선대칭도형에서 선분의 길이 구하기

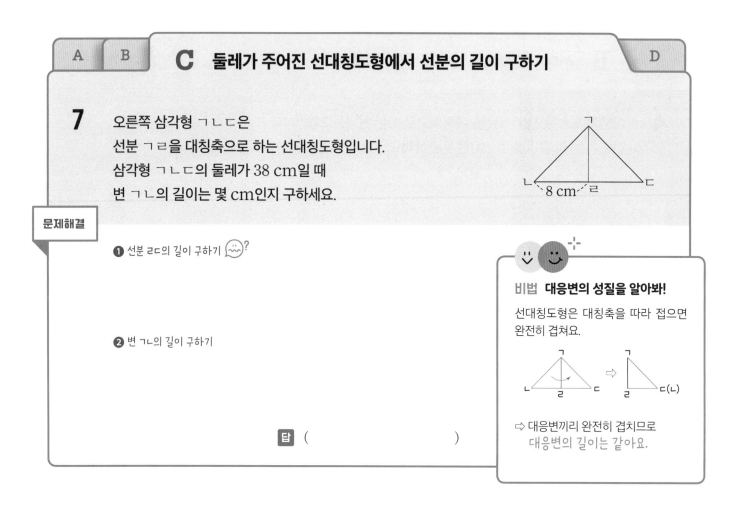

7 오른쪽 삼각형 ㄱㄴㄷ은
선분 ㄱㄹ을 대칭축으로 하는 선대칭도형입니다.
삼각형 ㄱㄴㄷ의 둘레가 38 cm일 때
변 ㄱㄴ의 길이는 몇 cm인지 구하세요.

문제해결

❶ 선분 ㄹㄷ의 길이 구하기

❷ 변 ㄱㄴ의 길이 구하기

답 (   )

비법 대응변의 성질을 알아봐!

선대칭도형은 대칭축을 따라 접으면
완전히 겹쳐요.

⇨ 대응변끼리 완전히 겹치므로
대응변의 길이는 같아요.

8 오른쪽 도형은 직선 ㅅㅇ을 대칭축으로 하는 선대칭도형입니다.
선대칭도형의 둘레가 36 cm일 때 변 ㄹㅁ의 길이는 몇 cm인지
구하세요.

(   )

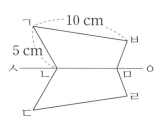

9 오른쪽 도형에서 사각형 ㄱㄴㄷㄹ은 선대칭도형입니다. 선대칭도형의
둘레가 28 cm일 때 선대칭도형의 넓이는 몇 cm^2인지 구하세요.

(   )

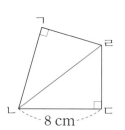

| A | B | C | **D** 점대칭도형에서 선분의 길이 구하기 |

10 오른쪽은 점 ㅇ을 대칭의 중심으로 하는 점대칭도형입니다.
변 ㅂㅅ의 길이는 몇 cm인지 구하세요.

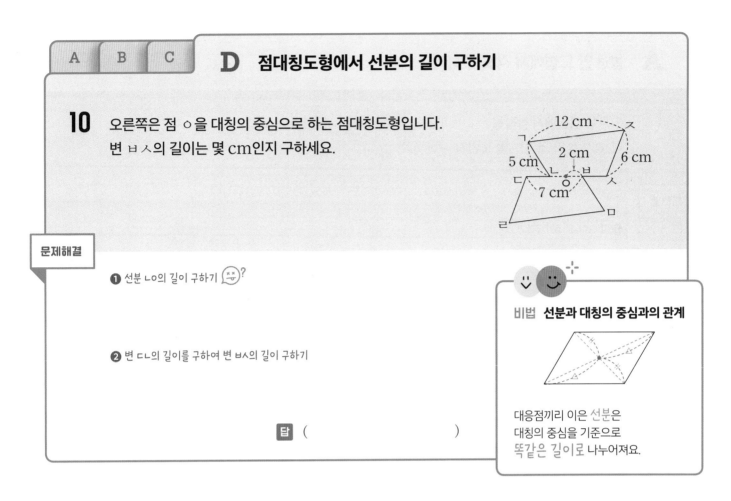

문제해결

❶ 선분 ㄴㅇ의 길이 구하기 😖❓

❷ 변 ㄷㄴ의 길이를 구하여 변 ㅂㅅ의 길이 구하기

답 (   )

비법 선분과 대칭의 중심과의 관계

대응점끼리 이은 선분은
대칭의 중심을 기준으로
똑같은 길이로 나누어져요.

11 오른쪽은 점 ㅇ을 대칭의 중심으로 하는 점대칭도형입니다. 변 ㄷㄹ의
길이는 몇 cm인지 구하세요.

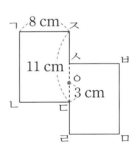

(   )

12 오른쪽은 점 ㅇ을 대칭의 중심으로 하는 점대칭도형입니다. 점
대칭도형의 둘레는 몇 cm인지 구하세요.

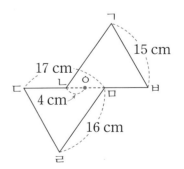

(   )

대응각의 성질

A 합동인 도형에서 각도 구하기

B   C

1 오른쪽 그림에서 삼각형 ㄱㄴㄷ과 삼각형 ㄹㄷㄴ은 서로 합동입니다.
각 ㄹㅁㄷ의 크기는 몇 도인지 구하세요.

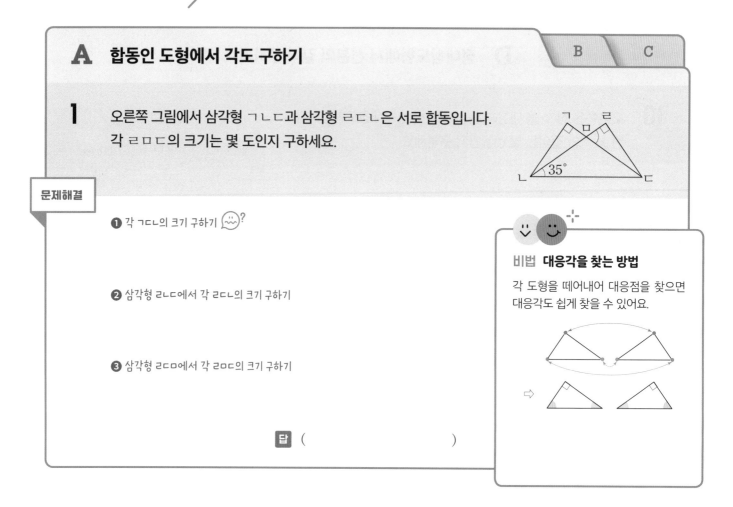

문제해결

❶ 각 ㄱㄷㄴ의 크기 구하기 😌?

❷ 삼각형 ㄹㄴㄷ에서 각 ㄹㄷㄴ의 크기 구하기

❸ 삼각형 ㄹㄷㅁ에서 각 ㄹㅁㄷ의 크기 구하기

답 (   )

비법 대응각을 찾는 방법

각 도형을 떼어내어 대응점을 찾으면
대응각도 쉽게 찾을 수 있어요.

2 오른쪽 그림에서 삼각형 ㄱㄹㅁ과 삼각형 ㄷㅂㅁ은 서로 합동입니다.
각 ㄱㄴㅂ의 크기는 몇 도인지 구하세요.

(   )

3 오른쪽 그림에서 삼각형 ㄱㄴㄷ과 삼각형 ㅁㄹㄷ은 서로 합동입니다.
각 ㄹㅁㄷ의 크기는 몇 도인지 구하세요.

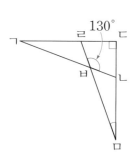

(   )

A   C

B 선대칭도형에서 각도 구하기

4 오른쪽 사각형 ㄱㄴㄷㄹ은
직선 ㅅㅇ을 대칭축으로 하는 선대칭도형입니다.
각 ㅁㄱㄴ의 크기는 몇 도인지 구하세요.

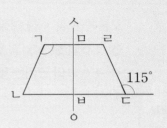

문제해결

❶ 각 ㄹㄷㅂ의 크기 구하여 각 ㄱㄴㅂ의 크기 구하기

❷ 각 ㄴㅂㅁ과 각 ㄱㅁㅂ의 크기 구하기

❸ 각 ㅁㄱㄴ의 크기 구하기

답 (   )

비법 대칭축으로 생기는 각도

선대칭도형은 대칭축을 따라 접으면
완전히 겹쳐요.

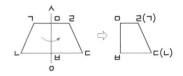

⇨ 직선(180°)을 똑같이 둘로 나누었
으므로
(각 ㅁㅂㄷ) = 180° ÷ 2

5 오른쪽 오각형 ㅁㄱㄴㄷㄹ은 직선 ㅅㅇ을 대칭축으로 하는 선대
칭도형입니다. 각 ㅁㄱㄴ의 크기는 몇 도인지 구하세요.

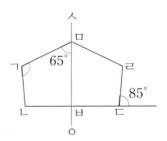

(   )

6 오른쪽 선대칭도형에서 각 ㄱㅂㅁ의 크기는 몇 도인지 구하세요.

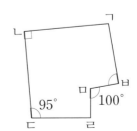

(   )

A B **C 점대칭도형에서 각도 구하기**

7 오른쪽은 점 ㅇ을 대칭의 중심으로 하는 점대칭도형입니다.
변 ㄱㅇ과 변 ㄹㅇ의 길이가 서로 같을 때
각 ㄹㅇㄷ의 크기는 몇 도인지 구하세요.

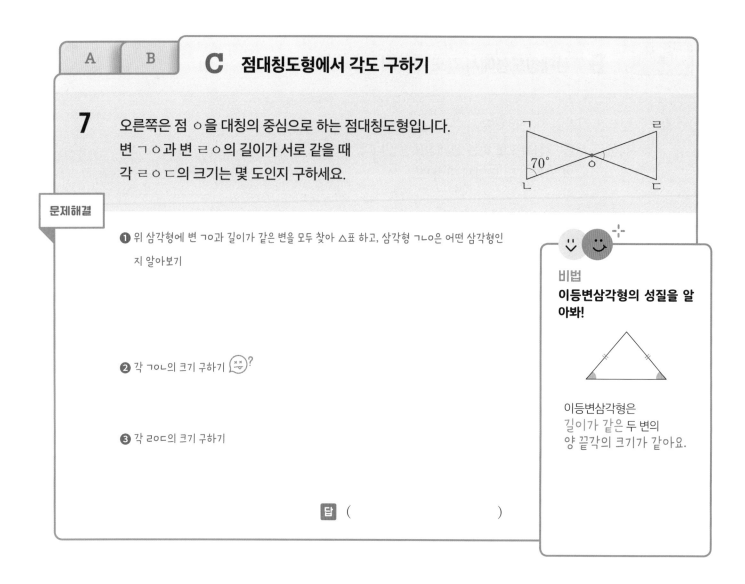

문제해결

❶ 위 삼각형에 변 ㄱㅇ과 길이가 같은 변을 모두 찾아 △표 하고, 삼각형 ㄱㄴㅇ은 어떤 삼각형인
지 알아보기

❷ 각 ㄱㅇㄴ의 크기 구하기 😵‍💫?

❸ 각 ㄹㅇㄷ의 크기 구하기

비법
이등변삼각형의 성질을 알아봐!

이등변삼각형은
길이가 같은 두 변의
양 끝각의 크기가 같아요.

답 (   )

8 오른쪽은 점 ㅇ을 대칭의 중심으로 하는 점대칭도형입니다. 변 ㄴㅇ과 변
ㄹㅇ의 길이가 서로 같을 때 각 ㄷㅇㄹ의 크기는 몇 도인지 구하세요.

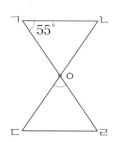

(   )

9 오른쪽은 원의 중심인 점 ㅇ을 대칭의 중심으로 하는 점대칭도형입니다.
각 ㄱㄴㅇ의 크기는 몇 도인지 구하세요.

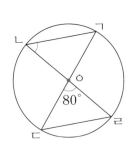

(   )

유형 03

도형 완성하기

A 선대칭도형 완성하여 둘레 구하기

B B+

1 오른쪽 그림에서 직선 가를 대칭축으로 하는 선대칭도형을 완성했을 때
완성한 선대칭도형의 둘레는 몇 cm인지 구하세요.

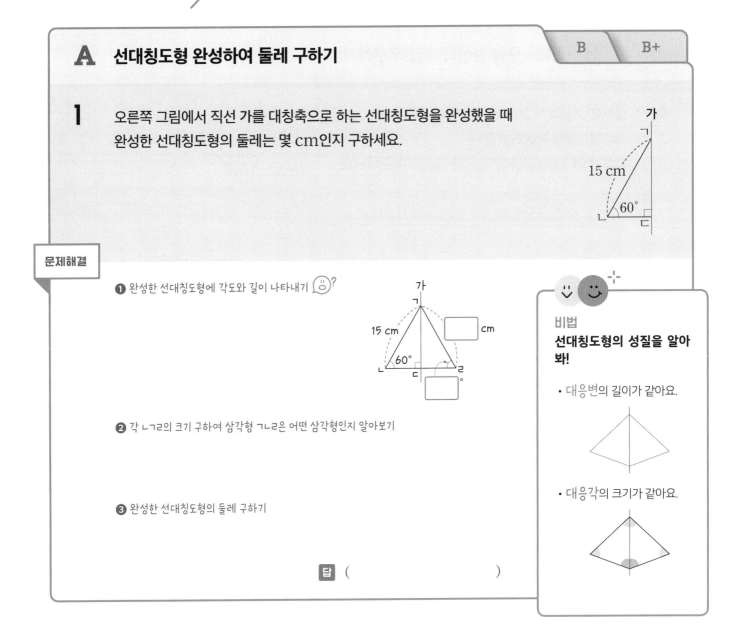

문제해결

❶ 완성한 선대칭도형에 각도와 길이 나타내기 😊?

비법
**선대칭도형의 성질을 알아
봐!**

• 대응변의 길이가 같아요.

❷ 각 ㄴㄱㄹ의 크기 구하여 삼각형 ㄱㄴㄹ은 어떤 삼각형인지 알아보기

• 대응각의 크기가 같아요.

❸ 완성한 선대칭도형의 둘레 구하기

답 (   )

2 오른쪽 그림에서 직선 가를 대칭축으로 하는 선대칭도형을 완성했을 때 완성
한 선대칭도형의 둘레는 몇 cm인지 구하세요.

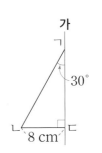

(   )

3 오른쪽 그림에서 직선 가를 대칭축으로 하는 선대칭도형을 완성했을 때 완성
한 선대칭도형의 넓이는 몇 cm²인지 구하세요.

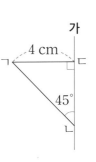

(   )

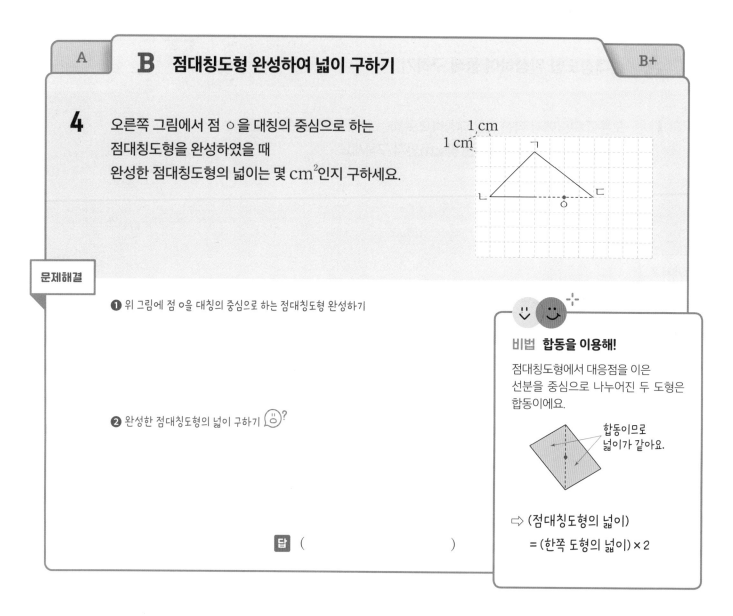

A **B** 점대칭도형 완성하여 넓이 구하기 **B+**

4 오른쪽 그림에서 점 ㅇ을 대칭의 중심으로 하는 점대칭도형을 완성하였을 때 완성한 점대칭도형의 넓이는 몇 cm²인지 구하세요.

문제해결

❶ 위 그림에 점 ㅇ을 대칭의 중심으로 하는 점대칭도형 완성하기

❷ 완성한 점대칭도형의 넓이 구하기

비법 **합동을 이용해!**

점대칭도형에서 대응점을 이은 선분을 중심으로 나누어진 두 도형은 합동이에요.

합동이므로 넓이가 같아요.

⇨ (점대칭도형의 넓이)
  = (한쪽 도형의 넓이) × 2

답 (   )

5 오른쪽 그림에서 점 ㅇ을 대칭의 중심으로 하는 점대칭 도형을 완성하였을 때 완성한 점대칭도형의 넓이는 몇 cm²인지 구하세요.

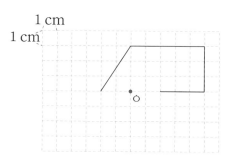

(   )

6 오른쪽 그림에서 점 ㅇ을 대칭의 중심으로 하는 점대칭도형 을 완성하였을 때 완성한 점대칭도형의 넓이가 360 cm²입 니다. 모눈 한 칸의 한 변의 길이는 몇 cm인지 구하세요.

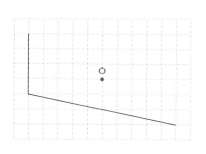

(   )

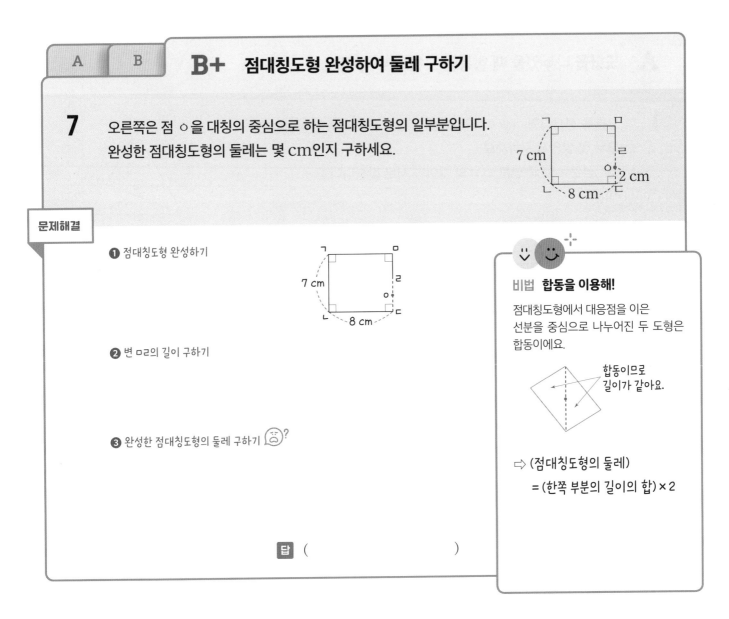

B+ 점대칭도형 완성하여 둘레 구하기

7 오른쪽은 점 ㅇ을 대칭의 중심으로 하는 점대칭도형의 일부분입니다. 완성한 점대칭도형의 둘레는 몇 cm인지 구하세요.

문제해결

❶ 점대칭도형 완성하기

❷ 변 ㅁㄹ의 길이 구하기

❸ 완성한 점대칭도형의 둘레 구하기

답 (   )

비법 합동을 이용해!

점대칭도형에서 대응점을 이은 선분을 중심으로 나누어진 두 도형은 합동이에요.

합동이므로 길이가 같아요.

⇨ (점대칭도형의 둘레)
   = (한쪽 부분의 길이의 합) × 2

8 오른쪽은 점 ㅇ을 대칭의 중심으로 하는 점대칭도형의 일부분입니다. 삼각형 ㄱㄴㄷ이 정삼각형일 때 완성한 점대칭도형의 둘레는 몇 cm인지 구하세요.

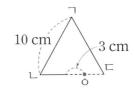

(   )

9 오른쪽은 점 ㅇ을 대칭의 중심으로 하는 점대칭도형의 일부분입니다. 완성한 점대칭도형의 둘레가 48 cm일 때, 선분 ㅇㄷ의 길이는 몇 cm인지 구하세요.

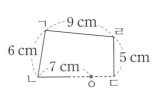

(   )

합동인 도형 찾기

A 도형을 나누었을 때 합동인 도형의 수 구하기

A+ | B

1 오른쪽 정삼각형 ㄱㄴㄷ에서 찾을 수 있는 서로 합동인 삼각형은 모두 몇 쌍인지 구하세요.
(단, 선분 ㄴㄹ과 선분 ㄷㅁ의 길이가 서로 같습니다.)

문제해결

❶ 1개의 삼각형으로 이루어진 서로 합동인 삼각형은 몇 쌍인지 구하기

❷ 2개의 삼각형으로 이루어진 서로 합동인 삼각형은 몇 쌍인지 구하기

❸ 서로 합동인 삼각형은 모두 몇 쌍인지 구하기

답 (   )

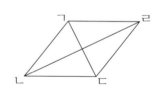

비법 합동을 알아봐!

모양과 크기가 같은 두 도형은 서로 합동이에요.

모양과 크기가
같아요.

⇨ 삼각형 ㄱㄴㅁ과 삼각형 ㄱㄷㄹ은 서로 합동이에요.

2 오른쪽 평행사변형 ㄱㄴㄷㄹ에서 찾을 수 있는 서로 합동인 삼각형은 모두 몇 쌍인지 구하세요.

(   )

3 선분 ㄷㄹ과 선분 ㅁㄹ, 선분 ㄱㄹ과 선분 ㅅㄹ, 선분 ㄱㅁ과 선분 ㅅㄷ은 각각 서로 길이가 같습니다. 도형에서 찾을 수 있는 서로 합동인 삼각형은 모두 몇 쌍인지 구하세요.

(   )

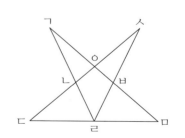

| A | **A+** 변의 길이를 똑같게 나누었을 때 합동인 도형의 수 구하기 | B |

4 오른쪽 삼각형 ㄱㄴㄷ은 정삼각형입니다.
선분 ㄴㄹ, 선분 ㄹㅁ, 선분 ㅁㅂ, 선분 ㅂㄷ의 길이가 모두 같을 때
찾을 수 있는 서로 합동인 삼각형은 모두 몇 쌍인지 구하세요.

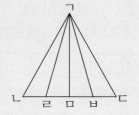

문제해결

❶ 1개, 2개, 3개의 삼각형으로 이루어진 서로 합동인 삼각형은 각각 몇 쌍인지 구하기

❷ 서로 합동인 삼각형은 모두 몇 쌍인지 구하기

답 (   )

비법 2, 3개짜리도 세어야 해!

1개짜리 합동인 삼각형만 찾으면 안 돼요.
2, 3개짜리 중에서도 합동이 있는지 찾아봐야 해요.

5 오른쪽과 같이 이등변삼각형 ㄱㄴㄷ의 한 변 ㄴㄷ을 6등분 한 다음 꼭짓점 ㄱ과 연결하여 6개의 삼각형을 만들었습니다. 찾을 수 있는 서로 합동인 삼각형은 모두 몇 쌍인지 구하세요.

(   )

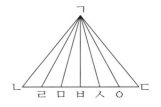

6 오른쪽 그림에서 삼각형 ㄱㄴㄷ과 삼각형 ㄱㄹㅁ은 모두 이등변삼각형입니다. 선분 ㄹㅁ과 선분 ㄴㄷ이 각각 3등분 되도록 선분 ㄱㅂ과 선분 ㄱㅅ을 그었습니다. 서로 합동인 삼각형은 모두 몇 쌍인지 구하세요.

(   )

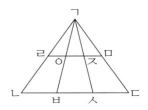

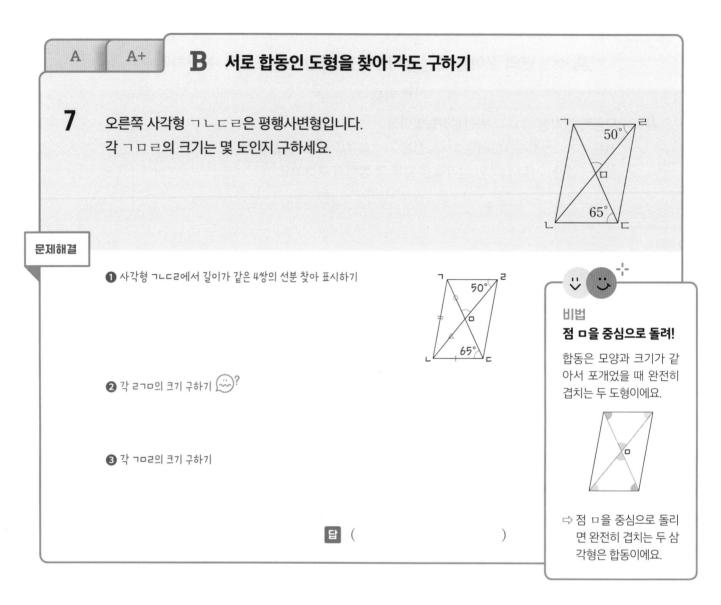

B   서로 합동인 도형을 찾아 각도 구하기

7 오른쪽 사각형 ㄱㄴㄷㄹ은 평행사변형입니다.
각 ㄱㅁㄹ의 크기는 몇 도인지 구하세요.

문제해결

❶ 사각형 ㄱㄴㄷㄹ에서 길이가 같은 4쌍의 선분 찾아 표시하기

❷ 각 ㄹㄱㅁ의 크기 구하기 (⌣)?

❸ 각 ㄱㅁㄹ의 크기 구하기

답 (   )

비법
점 ㅁ을 중심으로 돌려!

합동은 모양과 크기가 같
아서 포개었을 때 완전히
겹치는 두 도형이에요.

⇨ 점 ㅁ을 중심으로 돌리
면 완전히 겹치는 두 삼
각형은 합동이에요.

8 오른쪽 사각형 ㄱㄴㄷㄹ은 평행사변형입니다. 각 ㄱㅁㄴ의 크기는 몇
도인지 구하세요.

(   )

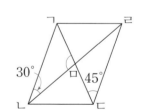

9 오른쪽 사각형 ㄱㄴㄷㄹ은 평행사변형입니다. 선분 ㅁㄷ과 변 ㄹㄷ
의 길이가 같을 때 각 ㅁㄹㄷ의 크기는 몇 도인지 구하세요.

(   )

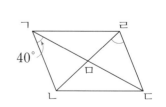

A 직사각형 모양의 종이를 접었을 때 각도 구하기

1 오른쪽 그림과 같이 직사각형 모양의 종이를 접었습니다. 각 ㅁㅈㅂ의 크기는 몇 도인지 구하세요.

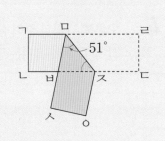

문제해결

❶ 사각형 ㅁㅅㅇㅈ과 합동인 사각형 찾아 각 ㅈㅁㄹ의 크기 구하기

❷ 각 ㅁㅈㄷ의 크기 구하기

❸ 각 ㅁㅈㅂ의 크기 구하기

비법 접어서 겹치면 합동!

접은 부분과 접기 전 부분은 모양과 크기가 같아 완전히 겹치므로 서로 합동이에요.

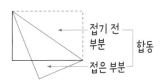

답 (   )

---

2 오른쪽 그림과 같이 직사각형 모양의 종이를 접었습니다. 각 ㄱㅁㄴ의 크기는 몇 도인지 구하세요.

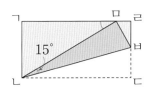

(   )

---

3 오른쪽 그림과 같이 직사각형 모양의 종이를 접었습니다. 각 ㅂㄹㄴ의 크기는 몇 도인지 구하세요.

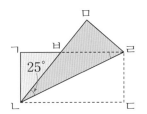

(   )

B 삼각형 모양의 종이를 접었을 때 각도 구하기

A | | | C

4 오른쪽 그림과 같이 삼각형 모양의 종이를 접었습니다.
각 ㄴㅁㄹ의 크기는 몇 도인지 구하세요.

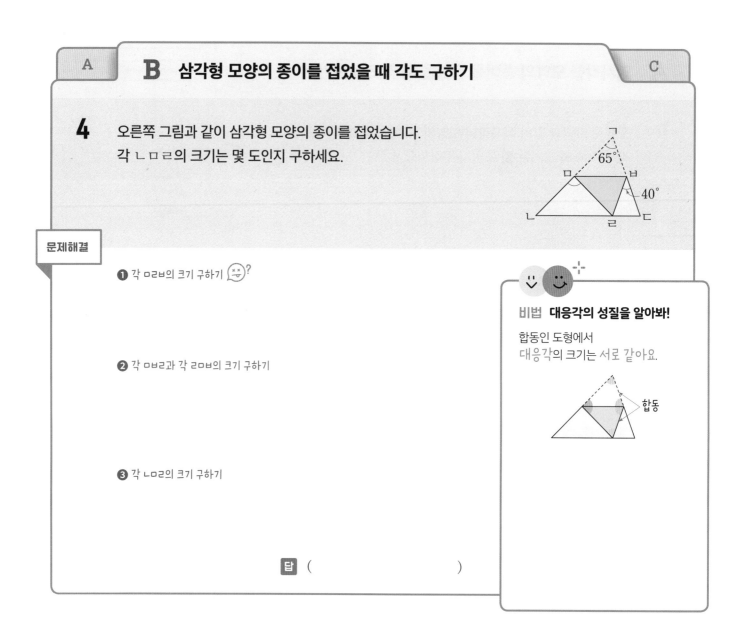

문제해결

❶ 각 ㅁㄹㅂ의 크기 구하기 😵?

❷ 각 ㅁㅂㄹ과 각 ㄹㅁㅂ의 크기 구하기

❸ 각 ㄴㅁㄹ의 크기 구하기

답 (   )

비법 대응각의 성질을 알아봐!

합동인 도형에서
대응각의 크기는 서로 같아요.

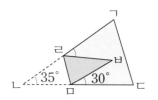

합동

5 오른쪽 그림과 같이 삼각형 모양의 종이를 접었습니다. 각 ㄱㄹㅂ의
크기는 몇 도인지 구하세요.

(   )

6 오른쪽 그림과 같이 이등변삼각형 모양의 종이를 각 ㄱㄴㅂ의 크기가
34°가 되도록 접었습니다. 각 ㄴㄹㅁ의 크기는 몇 도인지 구하세요.

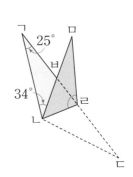

(   )

A   B   **C   직사각형 모양의 종이를 접었을 때 넓이 구하기**

7 오른쪽 그림과 같이 직사각형 모양의 종이를 접었습니다.
직사각형 ㄱㄴㄷㄹ의 넓이는 몇 cm²인지 구하세요.

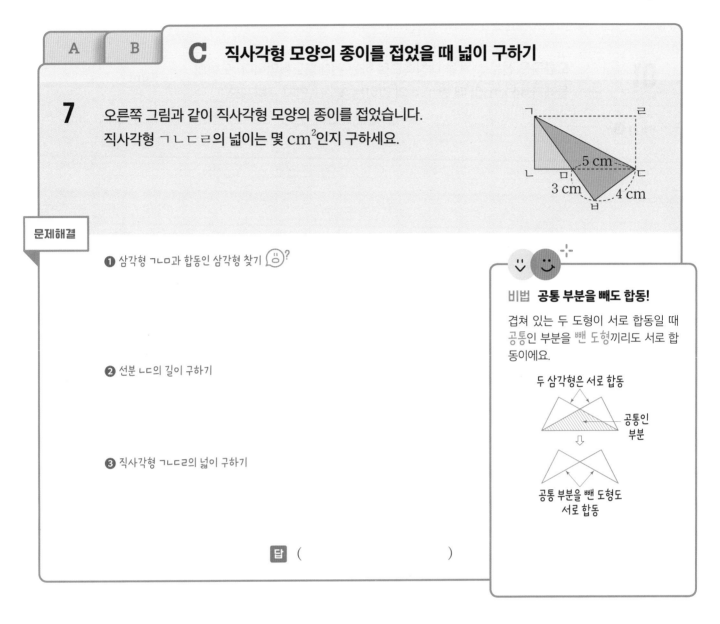

문제해결

❶ 삼각형 ㄱㄴㅁ과 합동인 삼각형 찾기

❷ 선분 ㄴㄷ의 길이 구하기

❸ 직사각형 ㄱㄴㄷㄹ의 넓이 구하기

답 (   )

비법 공통 부분을 빼도 합동!

겹쳐 있는 두 도형이 서로 합동일 때
공통인 부분을 뺀 도형끼리도 서로 합
동이에요.

두 삼각형은 서로 합동

공통인
부분

⇩

공통 부분을 뺀 도형도
서로 합동

8 오른쪽 그림과 같이 직사각형 모양의 종이를 접었습니다.
직사각형 ㄱㄴㄷㄹ의 넓이는 몇 cm²인지 구하세요.

(   )

9 오른쪽 그림과 같이 직사각형 모양의 종이를 접었습니다. 직사각형
ㄱㄴㅁㅂ의 넓이가 128 cm²일 때 선분 ㄷㅁ의 길이는 몇 cm인지
구하세요.

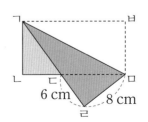

(   )

01

유형 01 C

오른쪽은 선분 ㄱㅂ을 대칭축으로 하는 선대칭도형입니다. 도형의 둘레가 44 cm일 때 변 ㄴㄷ의 길이는 몇 cm인지 구하세요.

(   )

02

유형 01 B

오른쪽은 선분 ㄱㄷ을 대칭축으로 하는 선대칭도형입니다. 선분 ㄴㄹ의 길이는 몇 cm인지 구하세요.

(   )

03

유형 03 B

오른쪽 그림에서 점 ㅇ을 대칭의 중심으로 하는 점대칭도형을 완성하였을 때 완성한 점대칭도형의 넓이는 몇 cm² 인지 구하세요.

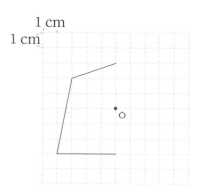

(   )

04 오른쪽 그림에서 삼각형 ㄱㄴㄷ과 삼각형 ㄷㄹㅁ은 서로 합동입니다. 사각형 ㄱㄴㄹㅁ의 넓이는 몇 cm²인지 구하세요.

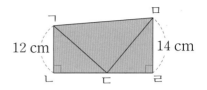

(   )

05

∞ 유형 01 **D**

오른쪽은 점 ㅇ을 대칭의 중심으로 하는 점대칭도형입니다. 선분 ㄴㅁ의 길이는 몇 cm인지 구하세요.

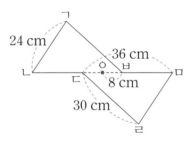

(   )

06

∞ 유형 02 **C**

오른쪽은 원의 중심인 점 ㅇ을 대칭의 중심으로 하는 점대칭도형입니다. 각 ㅇㄴㄷ의 크기는 몇 도인지 구하세요.

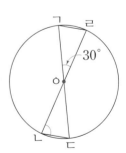

(   )

07 오른쪽 사각형 ㄱㄴㄷㄹ은 평행사변형입니다. 각 ㄹㅁㄷ의 크기는 몇 도인지 구하세요.

유형 04 B

(   )

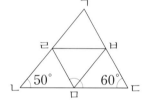

08 오른쪽 그림과 같이 삼각형 ㄱㄴㄷ을 합동인 삼각형 4개로 나누었습니다. 각 ㄹㅁㄷ의 크기는 몇 도인지 구하세요.

(   )

09 오른쪽 그림에서 삼각형 ㄱㄴㄷ과 삼각형 ㄹㄷㄴ은 서로 합동입니다. 각 ㄱㅁㄹ의 크기는 몇 도인지 구하세요.

유형 02 A

(   )

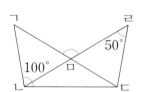

10 오른쪽 그림과 같이 정사각형 모양의 종이를 접었습니다. 각 ㅁㅂㄷ의 크기는 몇 도인지 구하세요.

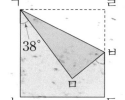

유형 05 **A**

(   )

11 오른쪽 그림과 같이 삼각형 모양의 종이를 접었습니다. 각 ㄱㅁㄹ의 크기는 몇 도인지 구하세요.

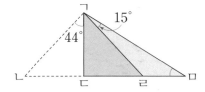

유형 05 **B**

(   )

12 오른쪽은 합동인 정삼각형 3개를 붙여 놓은 도형입니다. 삼각형 ㄱㄴㅂ과 서로 합동인 삼각형은 모두 몇 개인지 구하세요.

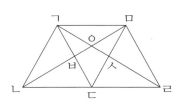

(   )

4

소수의 곱셈

학습기록표

| 유형 01 | 학습일 |
| | 학습평가 |

소수의 곱셈의 활용

A	전체의 양
B	남은 양
C	몇 배인 값

| 유형 02 | 학습일 |
| | 학습평가 |

단위 관계를 이용한 활용

| A | 무게 구하기 |
| B | 거리 구하기 |

| 유형 03 | 학습일 |
| | 학습평가 |

다각형의 넓이 구하기

A	삼각형, 사각형
B	길이가 변한 직사각형
C	복잡한 도형

| 유형 04 | 학습일 |
| | 학습평가 |

소수의 곱셈에서 크기 비교

| A | 곱의 크기 비교 |
| A+ | 소수점 아래 비교 |

| 유형 05 | 학습일 |
| | 학습평가 |

곱의 소수점 위치 활용

| A | ㉠은 ㉡의 몇 배 |
| B | 어떤 수 |

| 유형 06 | 학습일 |
| | 학습평가 |

수 카드로 곱셈식 만들기

A	조건에 알맞은
B	곱이 가장 큰
C	곱이 가장 작은

| 유형 07 | 학습일 |
| | 학습평가 |

시간을 소수로 나타내기

A	이동한 거리
B	나무를 자르는 시간
C	양초의 길이

| 유형 08 | 학습일 |
| | 학습평가 |

실생활에서의 활용

A	공이 튀어 오른 높이
B	물건의 가격
C	빈 병의 무게

| 유형 마스터 | 학습일 |
| | 학습평가 |

소수의 곱셈

소수의 곱셈의 활용

A 전체의 양 구하기

B C

1 수영이는 물을 한 번에 0.35 L씩 마십니다.
물을 하루에 4번 마신다면 수영이가 5일 동안 마신 물은 모두 몇 L인지 구하세요.

문제해결

❶ 하루에 마신 물의 양 구하기 😫?

❷ 5일 동안 마신 물의 양 구하기

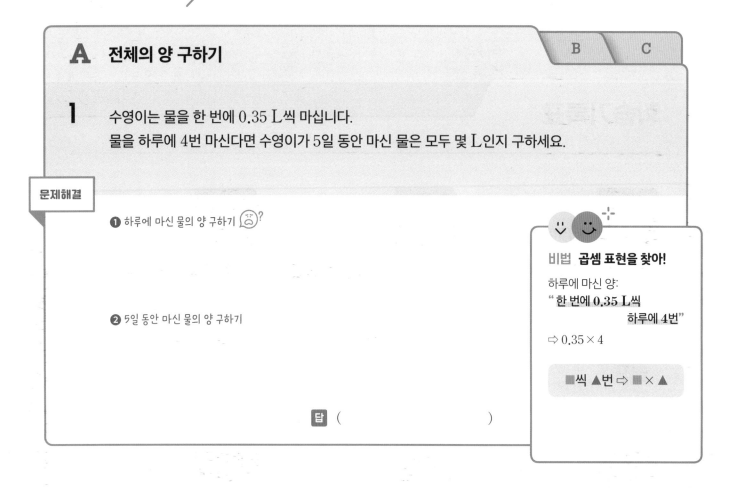

비법 **곱셈 표현을 찾아!**

하루에 마신 양:
"한 번에 **0.35 L**씩
하루에 **4번**"

⇨ 0.35×4

■씩 ▲번 ⇨ ■ × ▲

답 (   )

2 규현이는 주스를 한 번에 0.25 L씩 마십니다. 주스를 하루에 2번 마신다면 규현이가 5월 한 달 동안 마시는 주스는 모두 몇 L인지 구하세요.

(   )

3 우유를 매일 지훈이는 0.6 L씩, 주아는 0.55 L씩 마십니다. 지훈이와 주아가 2주일 동안 마시는 우유는 모두 몇 L인지 구하세요.

(   )

| A | **B** 남은 양 구하기 | C |

4 수조에 들어 있는 물 15 L를 들이가 1.5 L인 물병 6개에 가득 채워 나누어 담았습니다. 수조에 남은 물은 몇 L인지 구하세요.

문제해결

❶ 물병 6개에 담은 물의 양 구하기

❷ 수조에 남은 물의 양 구하기

비법 **곱셈 표현을 찾아!**

담은 양:
" **1.5 L인 물병 6개**"
⇨ 1.5×6

■가 ▲개 ⇨ ■ × ▲

답 ( )

5 길이가 3.2 m인 리본을 0.35 m씩 잘라서 8명에게 나누어 주었습니다. 남은 리본은 몇 m인지 구하세요.

( )

6 설탕 3 kg을 지난주에 하루에 0.24 kg씩 4일 동안 사용했고, 이번 주에 하루에 0.3 kg씩 5일 동안 사용했습니다. 지난주와 이번 주에 사용하고 남은 설탕은 몇 kg인지 구하세요.

( )

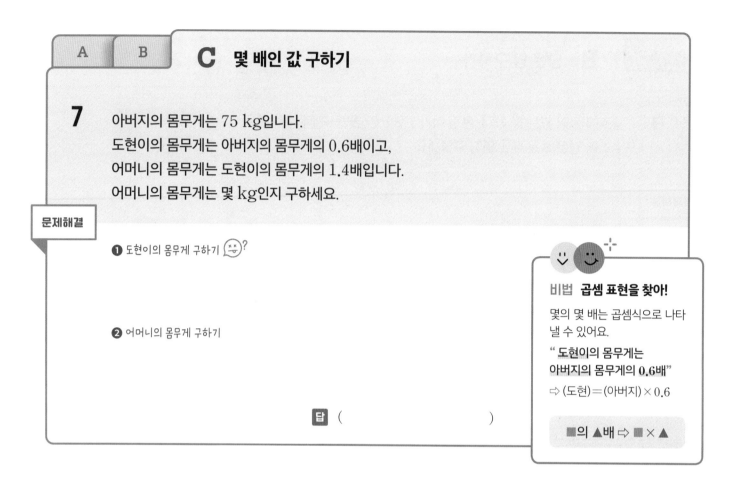

 C 몇 배인 값 구하기

7
아버지의 몸무게는 75 kg입니다.
도현이의 몸무게는 아버지의 몸무게의 0.6배이고,
어머니의 몸무게는 도현이의 몸무게의 1.4배입니다.
어머니의 몸무게는 몇 kg인지 구하세요.

문제해결

❶ 도현이의 몸무게 구하기

❷ 어머니의 몸무게 구하기

답 (   )

비법 곱셈 표현을 찾아!

몇의 몇 배는 곱셈식으로 나타
낼 수 있어요.
" 도현이의 몸무게는
아버지의 몸무게의 **0.6배**"
⇨ (도현)＝(아버지)×0.6

■의 ▲배 ⇨ ■×▲

8 어머니의 키는 165 cm입니다. 동생의 키는 어머니의 키의 0.8배이고, 유진이의 키는 동생의 키
의 1.2배입니다. 유진이의 키는 몇 cm인지 구하세요.

(   )

9 제과점에서 밀가루를 어제는 5.4 kg 사용했고, 오늘은 어제 사용한 밀가루의 0.75배만큼 사용
했습니다. 이 제과점에서 어제와 오늘 사용한 밀가루는 모두 몇 kg인지 구하세요.

(   )

단위 관계를 이용한 활용

A 무게 구하기

1 굵기가 일정한 철근 10 cm의 무게를 재어 보니 1.27 kg이었습니다.
이 철근 10 m의 무게는 몇 kg인지 구하세요.

B

문제해결

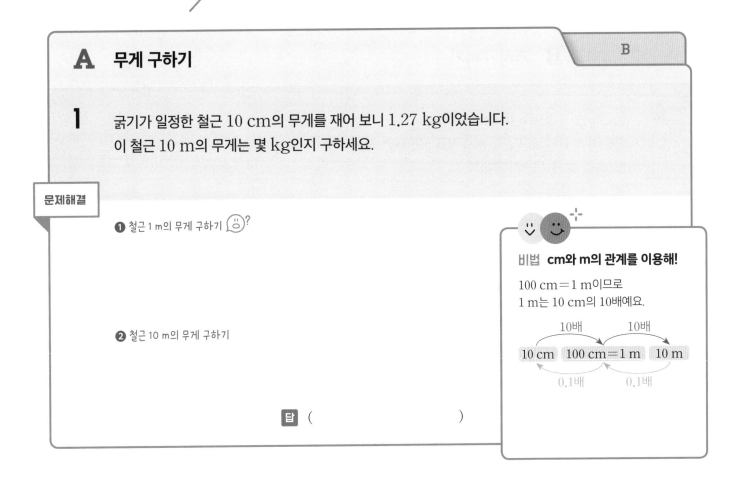

❶ 철근 1 m의 무게 구하기

❷ 철근 10 m의 무게 구하기

비법 **cm와 m의 관계를 이용해!**

100 cm=1 m이므로
1 m는 10 cm의 10배예요.

답 (   )

2 윤아가 가지고 있는 리본 1 cm의 무게를 재어 보니 0.516 g입니다. 이 리본 10 m의 무게는
몇 g인지 구하세요.

(   )

3 굵기가 일정한 돌기둥 10 m의 무게를 재어 보니 16.2 t이었습니다. 이 돌기둥 0.3 cm의 무게
는 몇 kg인지 구하세요.

(   )

A

B 거리 구하기

4 준환이는 10초에 8.05 m씩 걷습니다.
준환이가 쉬지 않고 같은 빠르기로 5분 동안 걷는다면
몇 m를 갈 수 있는지 구하세요.

문제해결

❶ 1분 동안 걷는 거리 구하기

❷ 5분 동안 걷는 거리 구하기

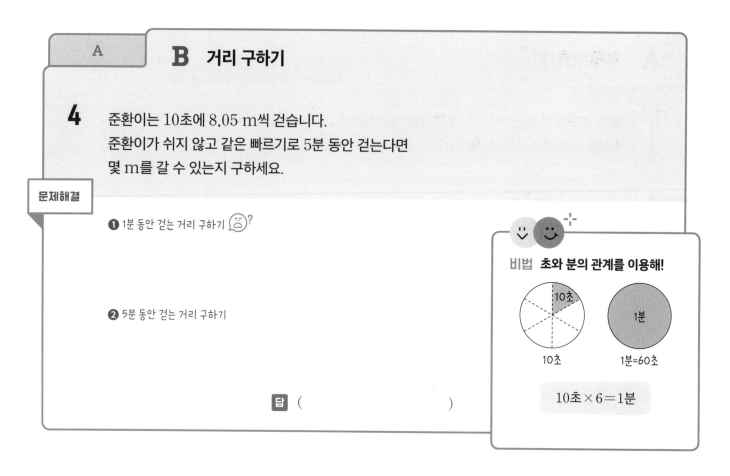

비법 초와 분의 관계를 이용해!

10초

1분

10초   1분=60초

10초×6＝1분

답 (   )

5 도현이는 자전거를 타고 15초에 0.1 km씩 갑니다. 도현이가 자전거를 타고 쉬지 않고 같은 빠르기로 30분 동안 간다면 몇 km를 갈 수 있는지 구하세요.

(   )

6 어느 전동차는 20초에 160 m를 달립니다. 이 전동차가 쉬지 않고 같은 빠르기로 2시간 동안 달린다면 몇 km를 갈 수 있는지 구하세요.

(   )

다각형의 넓이 구하기

A 삼각형, 사각형의 넓이 구하기

B C

1 평행사변형과 정사각형의 넓이의 합은 몇 cm²인지 구하세요.

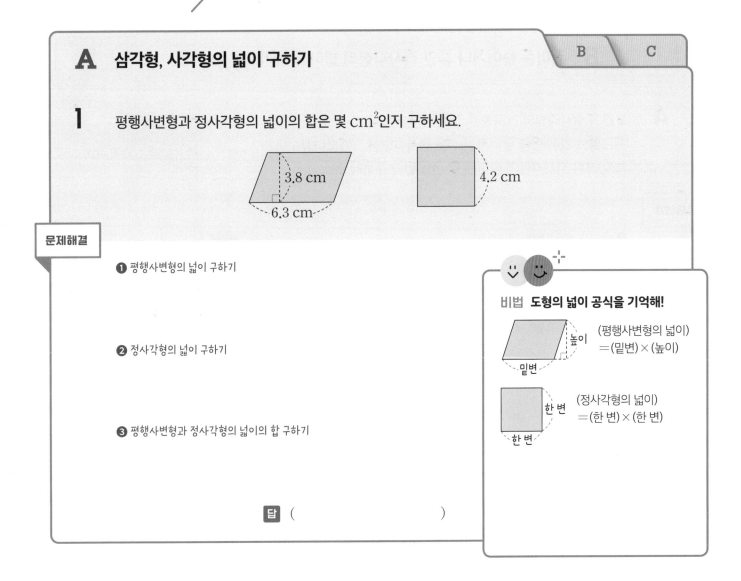

문제해결

❶ 평행사변형의 넓이 구하기

❷ 정사각형의 넓이 구하기

❸ 평행사변형과 정사각형의 넓이의 합 구하기

비법 도형의 넓이 공식을 기억해!

(평행사변형의 넓이)
=(밑변)×(높이)

(정사각형의 넓이)
=(한 변)×(한 변)

답 ( )

2 마름모와 직사각형의 넓이의 합은 몇 cm²인지 구하세요.

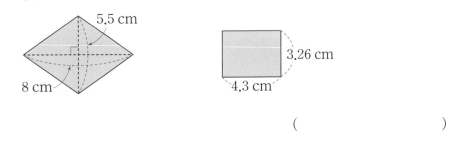

( )

3 사다리꼴과 삼각형의 넓이의 차는 몇 m²인지 구하세요.

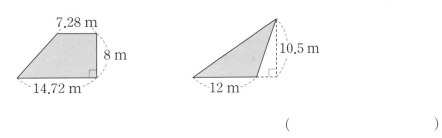

( )

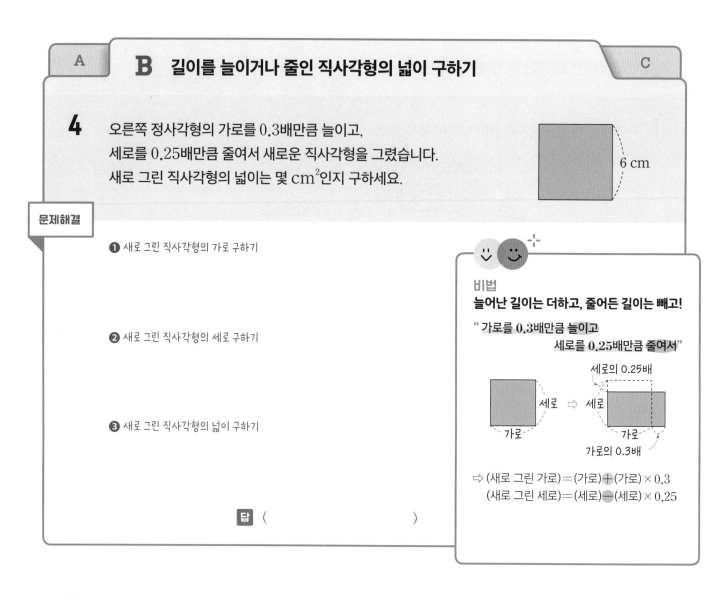

A   **B**   **길이를 늘이거나 줄인 직사각형의 넓이 구하기**   **C**

4   오른쪽 정사각형의 가로를 0.3배만큼 늘이고,
세로를 0.25배만큼 줄여서 새로운 직사각형을 그렸습니다.
새로 그린 직사각형의 넓이는 몇 cm²인지 구하세요.

6 cm

문제해결

❶ 새로 그린 직사각형의 가로 구하기

❷ 새로 그린 직사각형의 세로 구하기

❸ 새로 그린 직사각형의 넓이 구하기

비법
늘어난 길이는 더하고, 줄어든 길이는 빼고!
"가로를 0.3배만큼 늘이고
세로를 0.25배만큼 줄여서"

세로의 0.25배
세로 ⇨ 세로
가로
가로의 0.3배

⇨ (새로 그린 가로)=(가로)➕(가로)×0.3
(새로 그린 세로)=(세로)➖(세로)×0.25

답 (   )

5   오른쪽 정사각형의 가로를 0.2배만큼 늘이고, 세로를 0.34배만큼 줄여서 새로운 직사각형을 그렸습니다. 새로 그린 직사각형의 넓이는 몇 cm²인지 구하세요.

8 cm

(   )

6   한 변의 길이가 5 m인 정사각형 모양의 밭이 있습니다. 이 밭의 각 변의 길이를 1.42배로 늘이려고 합니다. 밭의 넓이는 처음보다 몇 m² 늘어나는지 구하세요.

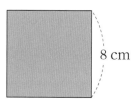

1.42배로 늘였다는 말은 1.42배가 되었다는 뜻이에요.   😊   (   )

A	B

C 복잡한 도형의 넓이 구하기

7 오른쪽 도형의 넓이는 몇 cm^2인지 구하세요.

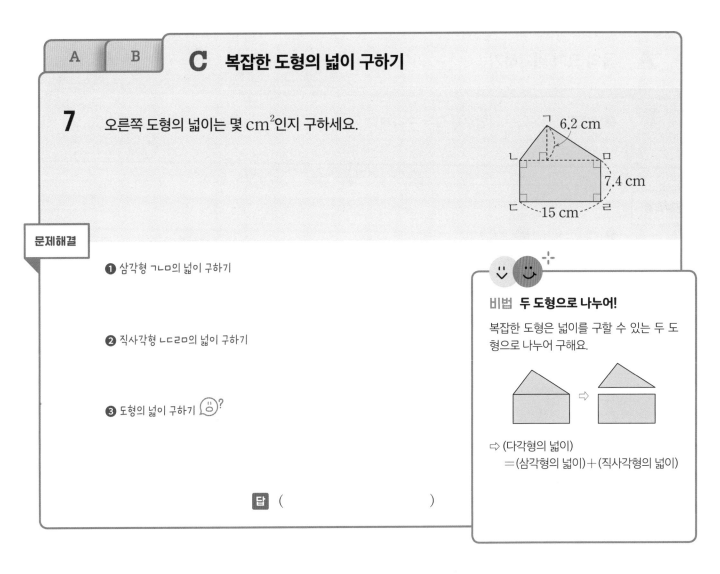

문제해결

❶ 삼각형 ㄱㄴㅁ의 넓이 구하기

❷ 직사각형 ㄴㄷㄹㅁ의 넓이 구하기

❸ 도형의 넓이 구하기 😯?

비법 두 도형으로 나누어!

복잡한 도형은 넓이를 구할 수 있는 두 도형으로 나누어 구해요.

⇨ (다각형의 넓이)
  ＝(삼각형의 넓이)＋(직사각형의 넓이)

답 (   )

8 오른쪽에서 색칠한 부분의 넓이는 몇 cm^2인지 구하세요.

(   )

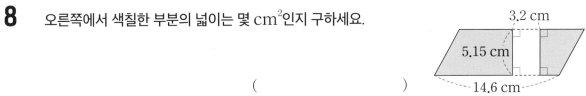

9 오른쪽 도형의 넓이는 몇 cm^2인지 구하세요.

(   )

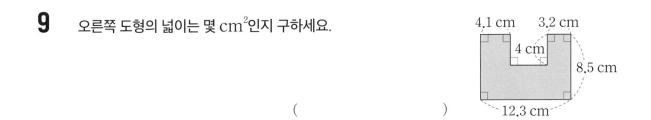

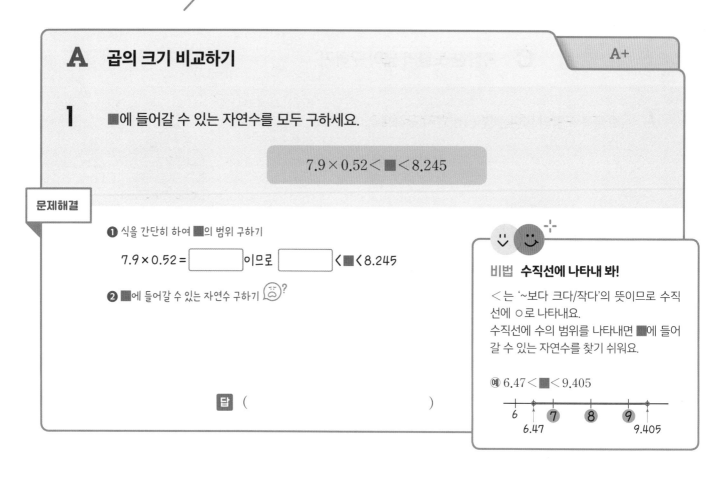

유형 04 소수의 곱셈에서 크기 비교

A 곱의 크기 비교하기 A+

1 ■에 들어갈 수 있는 자연수를 모두 구하세요.

$$7.9 \times 0.52 < ■ < 8.245$$

문제해결

❶ 식을 간단히 하여 ■의 범위 구하기

$7.9 \times 0.52 = \boxed{}$ 이므로 $\boxed{} < ■ < 8.245$

❷ ■에 들어갈 수 있는 자연수 구하기

답 ( )

비법 수직선에 나타내 봐!

< 는 '~보다 크다/작다'의 뜻이므로 수직선에 ○로 나타내요.
수직선에 수의 범위를 나타내면 ■에 들어갈 수 있는 자연수를 찾기 쉬워요.

예 $6.47 < ■ < 9.405$

6 — 6.47 — ⑦ — ⑧ — ⑨ — 9.405

2 □ 안에 들어갈 수 있는 자연수를 모두 구하세요.

$$24.37 < □ < 6.5 \times 4.2$$

( )

3 □ 안에 들어갈 수 있는 자연수는 모두 몇 개인지 구하세요.

$$5.3 \times 12 < □ < 16 \times 6.5$$

( )

A **A+** 곱의 소수점 아래 자리의 숫자 비교하기

4 0부터 9까지의 수 중에서 ■에 들어갈 수 있는 수를 모두 구하세요.

$$3.2 \times 2.7 < 8.\blacksquare 7$$

문제해결

❶ 식을 간단히 하여 ■의 범위 구하기

❷ ■에 들어갈 수 있는 수 구하기

비법 **■의 오른쪽 자리도 비교해!**

■와 같은 자리에 놓인 숫자를 ■에 넣고 ■의 자리와 ■의 오른쪽 자리를 함께 비교해요.

예 • $1.35 > 1.\blacksquare 4 \Rightarrow 1.3\boxed{3}4$
$ \underset{5 > 4}{\llcorner\qquad\lrcorner}$
$\Rightarrow \blacksquare = 0, 1, 2, 3$

• $1.35 > 1.\blacksquare 7 \Rightarrow 1.35 < 1.\boxed{3}7$
$ \underset{5 < 7}{\llcorner\qquad\lrcorner}$
$\Rightarrow \blacksquare = 0, 1, 2$

답 (   )

5 0부터 9까지의 수 중에서 ☐ 안에 들어갈 수 있는 수를 모두 구하세요.

$$19.\square 6 > 5.4 \times 3.6$$

(   )

6 0부터 9까지의 수 중에서 ☐ 안에 들어갈 수 있는 수를 모두 구하세요.

$$1.7 \times 2.5 \times 3.4 > 14.\square 7$$

(   )

곱의 소수점 위치 활용

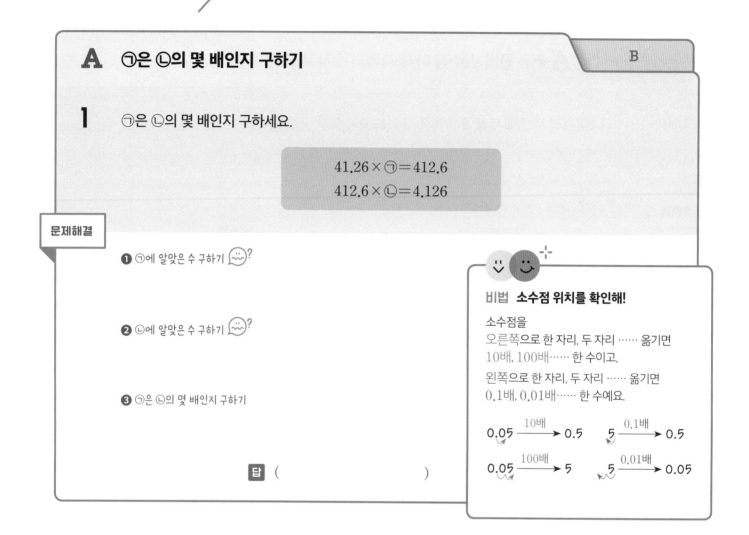

A ㉠은 ㉡의 몇 배인지 구하기

B

1 ㉠은 ㉡의 몇 배인지 구하세요.

$$41.26 \times ㉠ = 412.6$$
$$412.6 \times ㉡ = 4.126$$

문제해결

❶ ㉠에 알맞은 수 구하기 ?

❷ ㉡에 알맞은 수 구하기 ?

❸ ㉠은 ㉡의 몇 배인지 구하기

비법 소수점 위치를 확인해!

소수점을
오른쪽으로 한 자리, 두 자리 …… 옮기면
10배, 100배…… 한 수이고,
왼쪽으로 한 자리, 두 자리 …… 옮기면
0.1배, 0.01배…… 한 수예요.

$$0.05 \xrightarrow{\text{10배}} 0.5 \qquad 5 \xrightarrow{\text{0.1배}} 0.5$$

$$0.05 \xrightarrow{\text{100배}} 5 \qquad 5 \xrightarrow{\text{0.01배}} 0.05$$

답 (   )

2 ㉠은 ㉡의 몇 배인지 구하세요.

$$5.78 \times ㉠ = 578$$
$$57.8 \times ㉡ = 5.78$$

(   )

3 ㉠은 ㉡의 몇 배인지 구하세요.

$$㉠ \times 2.9 = 0.29$$
$$3.4 \times ㉡ = 34$$

(   )

A

B 어떤 수 구하기

4 1.7과 0.46의 곱은 어떤 수에 0.01을 곱한 수와 같습니다.
어떤 수를 구하세요.

문제해결

❶ 1.7과 0.46의 곱 구하기

❷ 어떤 수를 ■라 하여 식 세우기

■ × ☐ = ☐

❸ ❷에서 세운 식을 이용하여 어떤 수 구하기 ☺?

답 (   )

비법 거꾸로 계산해!

어떤 수를
0.1배, 0.01배, 0.001배 한 수가 ▲이면
어떤 수는
▲를 10배, 100배, 1000배 한 수로
구할 수 있어요.

어떤 수 $\xrightarrow[\times 100]{\times 0.01}$ 1.23

5 1.46과 3.5의 곱은 어떤 수에 0.1을 곱한 수와 같습니다. 어떤 수를 구하세요.

(   )

6 2.15와 3.4의 곱은 어떤 수에 10을 곱한 수와 같습니다. 어떤 수를 구하세요.

(   )

수 카드로 곱셈식 만들기

A 조건에 알맞은 소수 만들어 곱셈하기

B   C

1 3장의 수 카드 3, 1, 9 를 한 번씩 모두 사용하여 소수를 만들려고 합니다.
만들 수 있는 가장 큰 소수 한 자리 수와 가장 작은 소수 두 자리 수의 곱을 구하세요.

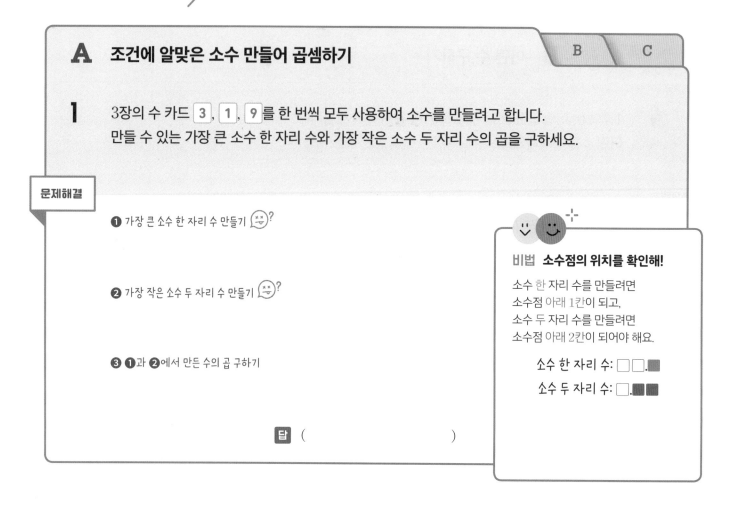

문제해결

❶ 가장 큰 소수 한 자리 수 만들기 ?

❷ 가장 작은 소수 두 자리 수 만들기 ?

❸ ❶과 ❷에서 만든 수의 곱 구하기

비법 소수점의 위치를 확인해!

소수 한 자리 수를 만들려면
소수점 아래 1칸이 되고,
소수 두 자리 수를 만들려면
소수점 아래 2칸이 되어야 해요.

소수 한 자리 수: ☐☐.■■
소수 두 자리 수: ☐.■■■

답 (   )

2 3장의 수 카드 2, 5, 4 를 한 번씩 모두 사용하여 소수를 만들려고 합니다. 만들 수 있는 가장
큰 소수 두 자리 수와 가장 작은 소수 한 자리 수의 곱을 구하세요.

(   )

3 4장의 수 카드 3, 6, 0, 7 중 3장을 골라 한 번씩 모두 사용하여 소수를 만들려고 합니다.
만들 수 있는 가장 큰 소수 두 자리 수와 가장 작은 소수 두 자리 수의 곱을 구하세요.

(   )

B 곱이 가장 큰 곱셈식 만들기

4 [1], [3], [2], [5] 의 수 카드를 한 번씩 모두 사용하여
오른쪽과 같은 곱셈식을 만들려고 합니다.
곱이 가장 클 때의 곱을 구하세요.

$$
\begin{array}{r}
\boxed{㉠}.\boxed{㉡} \\
\times\ \boxed{㉢}.\boxed{㉣} \\
\hline
\end{array}
$$

문제해결

❶ ㉠과 ㉢에 놓을 수 있는 수 구하기

곱이 가장 크려면 ㉠과 ㉢에 가장 큰 수 [ ] 와 둘째로 큰 수 [ ] 을 놓
아야 합니다.

❷ ❶의 조건을 만족하는 곱셈식 만들어 곱 구하기

$$
\begin{array}{r}
\boxed{\ }.\boxed{\ } \\
\times\ \boxed{\ }.2 \\
\hline
\end{array}
\qquad
\begin{array}{r}
\boxed{\ }.\boxed{\ } \\
\times\ \boxed{\ }.1 \\
\hline
\end{array}
$$

❸ 가장 큰 곱 구하기

답 (   )

비법 일의 자리에 큰 수를 놔!

높은 자리의 곱이 클수록 곱이 커지므
로 곱하는 두 수의 일의 자리에 큰 수
를 놓아야 해요.

$$
\begin{array}{r}
\boxed{㉠}.\boxed{㉡} \\
\times\ \boxed{㉢}.\boxed{㉣} \\
\hline
\end{array}
$$

↑
큰 수를 놓아요.

5 [3], [6], [4], [7] 의 수 카드를 한 번씩 모두 사용하여 오른쪽과 같은 곱
셈식을 만들려고 합니다. 곱이 가장 클 때의 곱을 구하세요.

(   )

$$
\begin{array}{r}
\boxed{\ }.\boxed{\ } \\
\times\ \boxed{\ }.\boxed{\ } \\
\hline
\end{array}
$$

6 [2], [8], [4], [5], [3] 의 수 카드를 한 번씩 모두 사용하여 (소수 두 자리 수)×(소수 한 자리 수)의
곱셈식을 만들려고 합니다. 곱이 가장 클 때의 곱을 구하세요.

(   )

| A | B |

C 곱이 가장 작은 곱셈식 만들기

7 ⑤, ②, ⑦, ⑥ 의 수 카드를 한 번씩 모두 사용하여
오른쪽과 같은 곱셈식을 만들려고 합니다.
곱이 가장 작을 때의 곱을 구하세요.

$$0 . ㉠ ㉡$$
$$\times\ 0 . ㉢ ㉣$$

문제해결

❶ ㉠과 ㉢에 놓을 수 있는 수 구하기 😵?

곱이 가장 작으려면 ㉠과 ㉢에 가장 작은 수 ☐ 와 둘째로 작은 수 ☐
를 놓아야 합니다.

❷ ❶의 조건을 만족하는 곱셈식 만들어 곱 구하기

$$0 . ☐ ☐$$
$$\times\ 0 . ☐ 7$$
_____

$$0 . ☐ ☐$$
$$\times\ 0 . ☐ 6$$
_____

❸ 가장 작은 곱 구하기

답 (   )

😊 😊

비법
소수 첫째 자리에 작은 수를 놔!

높은 자리의 곱이 작을수록 곱이 작
아지므로 곱하는 두 수의 소수 첫째
자리에 작은 수를 놓아야 해요.

$$0 . ㉠ ㉡$$
$$\times\ 0 . ㉢ ㉣$$
_____
↑
작은 수를 놓아요.

8 ④, ②, ⑨, ⑤ 의 수 카드를 한 번씩 모두 사용하여 오른쪽과 같은
곱셈식을 만들려고 합니다. 곱이 가장 작을 때의 곱을 구하세요.

(   )

$$0 . ☐ ☐$$
$$\times\ 0 . ☐ ☐$$

9 ⑤, ①, ⑧, ⑥, ② 의 수 카드를 한 번씩 모두 사용하여 (소수 두 자리 수) × (소수 한 자리 수)의
곱셈식을 만들려고 합니다. 곱이 가장 작을 때의 곱을 구하세요.

(   )

시간을 소수로 나타내기

A 이동한 거리 구하기

B C

1 한 시간에 70.4 km를 가는 자동차가 있습니다.
같은 빠르기로 이 자동차가 3시간 30분 동안 간 거리는 몇 km인지 구하세요.

문제해결

❶ 3시간 30분은 몇 시간인지 소수로 나타내기 ?

❷ 3시간 30분 동안 간 거리 구하기

답 (   )

비법 **분과 시간의 관계를 이용해!**

60분=1시간이므로

$1분=\dfrac{1}{60}$시간이에요.

예 $2시간 6분 = 2\dfrac{6}{60}시간$

$= 2\dfrac{1}{10}시간$

$= 2.1시간$

2 한 시간에 162.4 km를 가는 고속 열차가 있습니다. 같은 빠르기로 이 고속 열차가 2시간 15분 동안 간 거리는 몇 km인지 구하세요.

(   )

3 1 km를 가는 데 0.13 L의 휘발유를 사용하는 자동차가 있습니다. 이 자동차가 한 시간에 85 km를 가는 빠르기로 1시간 24분 동안 간다면 사용한 휘발유는 몇 L인지 구하세요.

(   )

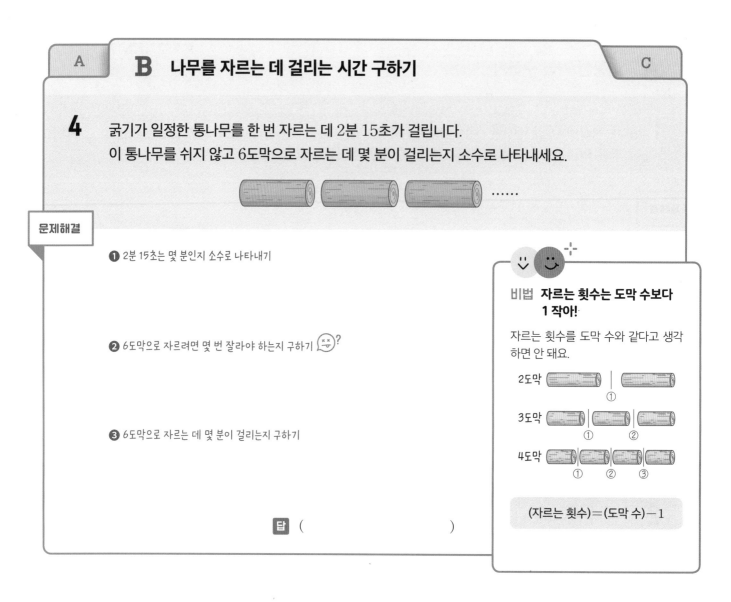

A

B 나무를 자르는 데 걸리는 시간 구하기

C

4 굵기가 일정한 통나무를 한 번 자르는 데 2분 15초가 걸립니다.
이 통나무를 쉬지 않고 6도막으로 자르는 데 몇 분이 걸리는지 소수로 나타내세요.

문제해결

❶ 2분 15초는 몇 분인지 소수로 나타내기

❷ 6도막으로 자르려면 몇 번 잘라야 하는지 구하기

❸ 6도막으로 자르는 데 몇 분이 걸리는지 구하기

답 (   )

**비법 자르는 횟수는 도막 수보다
1 작아!**

자르는 횟수를 도막 수와 같다고 생각
하면 안 돼요.

2도막
①

3도막
①   ②

4도막
①   ②   ③

(자르는 횟수)＝(도막 수)－1

5 굵기가 일정한 통나무를 한 번 자르는 데 4분 12초가 걸립니다. 이 통나무를 쉬지 않고 8도막으
로 자르는 데 몇 분이 걸리는지 소수로 나타내세요.

(   )

6 굵기가 일정한 철근을 한 번 자르는 데 3분 24초가 걸립니다. 이 철근을 쉬지 않고 15도막으로
자르는 데 몇 분이 걸리는지 소수로 나타내세요.

(   )

| A | B | **C 양초의 길이 구하기** |

7 길이가 11.5 cm인 양초가 있습니다.
이 양초는 1분에 1.2 cm씩 일정한 빠르기로 탄다고 합니다.
양초가 4분 18초 동안 탔다면 타고 남은 양초는 몇 cm인지 구하세요.

문제해결

❶ 4분 18초는 몇 분인지 소수로 나타내기

❷ 4분 18초 동안 탄 양초의 길이 구하기

❸ 4분 18초 동안 타고 남은 양초의 길이 구하기 ?

답 (   )

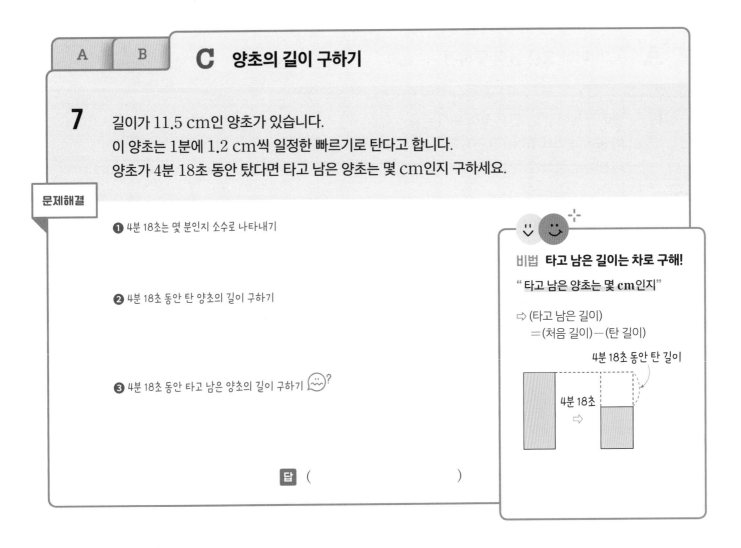

비법 **타고 남은 길이는 차로 구해!**

"타고 남은 양초는 몇 cm인지"

⇨ (타고 남은 길이)
  =(처음 길이)-(탄 길이)

8 길이가 30 cm인 양초가 있습니다. 이 양초는 1분에 1.14 cm씩 일정한 빠르기로 탄다고 합니다. 양초가 2분 30초 동안 탔다면 타고 남은 양초는 몇 cm인지 구하세요.

(   )

9 1분에 1.6 cm씩 일정한 빠르기로 타는 양초가 있습니다. 이 양초에 불을 붙인지 3분 12초 후에 껐더니 길이가 10.8 cm가 되었습니다. 불을 붙이기 전 양초는 몇 cm였는지 구하세요.

(   )

실생활에서의 활용

A 공이 튀어 오른 높이 구하기

B C

1 떨어진 높이의 0.7만큼 튀어 오르는 공이 있습니다.
이 공을 높이가 18 m인 건물에서 떨어뜨렸을 때
세 번째로 튀어 오른 공의 높이는 몇 m인지 구하세요. (단, 공은 땅에서 수직으로 튀어 오릅니다.)

문제해결

❶ 첫 번째로 튀어 오른 공의 높이 구하기

❷ 두 번째로 튀어 오른 공의 높이 구하기

❸ 세 번째로 튀어 오른 공의 높이 구하기

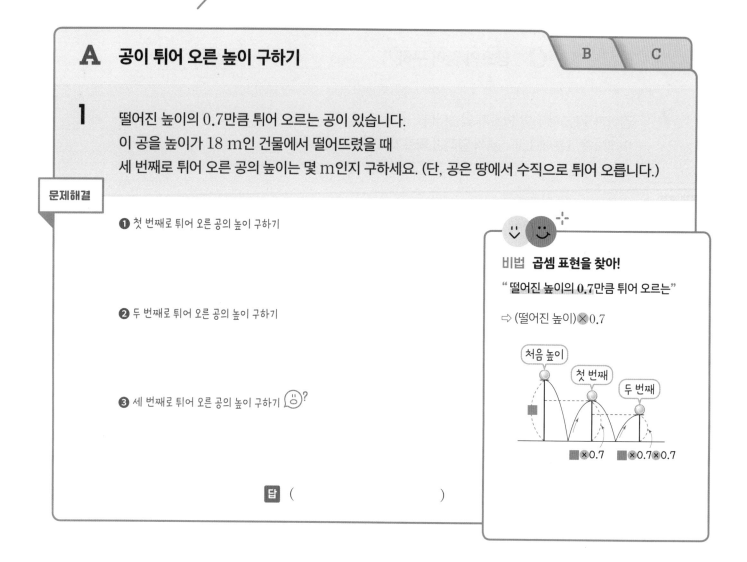

비법 **곱셈 표현을 찾아!**

" 떨어진 높이의 **0.7**만큼 튀어 오르는"

⇨ (떨어진 높이)⊗0.7

처음 높이   첫 번째   두 번째

■⊗0.7   ■⊗0.7⊗0.7

답 (   )

2 떨어진 높이의 0.6만큼 튀어 오르는 공이 있습니다. 이 공을 높이가 30 m인 건물에서 떨어뜨렸을 때 세 번째로 튀어 오른 공의 높이는 몇 m인지 구하세요. (단, 공은 땅에서 수직으로 튀어 오릅니다.)

(   )

3 떨어진 높이의 0.75만큼 튀어 오르는 공을 3.2 m 높이에서 떨어뜨렸습니다. 이 공이 세 번째로 땅에 닿을 때까지 움직인 거리는 모두 몇 m인지 구하세요. (단, 공은 땅에서 수직으로 튀어 오릅니다.)

(   )

어려워도 차근차근 풀면 풀 수 있을 테니 포기하지 마. Go!

A	**B** 물건의 가격 구하기	C

4 한 봉지에 340 g씩 들어 있는 설탕 7봉지가 있습니다.
설탕이 1 kg에 3000원일 때 설탕 7봉지의 가격은 얼마인지 구하세요.

문제해결

❶ 설탕 7봉지의 무게는 몇 g인지 구하기

❷ 설탕 7봉지의 무게를 kg 단위로 나타내기

❸ 설탕 7봉지의 가격 구하기

답 (   )

비법 kg으로 바꿔봐!

" 1 kg에 3000원"

⇨ 1 kg당 가격이므로
   (7봉지의 가격)
   ＝3000×(7봉지의 무게(kg))

⇨ 설탕 1 kg당 가격을 알고 있으므로 설탕 7봉지의 무게를 kg 단위로 바꿔서 가격을 구해요.

---

5 지영이네 반에서 한 봉지에 200 g씩 들어 있는 찰흙 27봉지가 필요합니다. 찰흙이 1 kg에 550원일 때 필요한 찰흙의 가격은 얼마인지 구하세요.

(   )

6 어머니께서 하루에 간장을 160 mL씩 사용합니다. 간장이 1 L에 6000원일 때 어머니께서 일주일 동안 사용한 간장의 가격은 얼마인지 구하세요.

(   )

A	B	**C 빈 병의 무게 구하기**

7 식용유 3.5 L가 들어 있는 병의 무게를 재어 보니 4.26 kg이었습니다.
식용유 500 mL를 사용한 후 다시 무게를 재었더니 3.8 kg이 되었습니다.
빈 병의 무게는 몇 kg인지 구하세요.

문제해결

❶ 식용유 500 mL의 무게 구하기 😶?

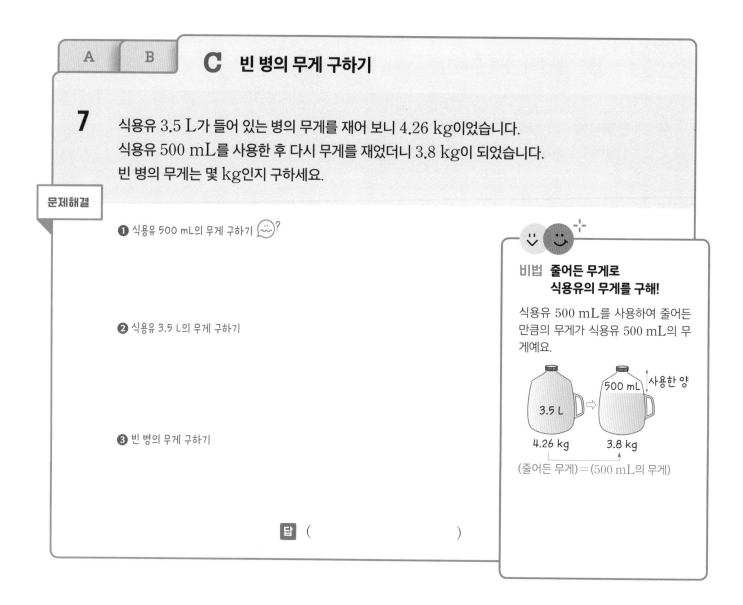

비법 **줄어든 무게로
식용유의 무게를 구해!**

식용유 500 mL를 사용하여 줄어든 만큼의 무게가 식용유 500 mL의 무게예요.

500 mL / 사용한 양
3.5 L ⇨
4.26 kg   3.8 kg
(줄어든 무게)=(500 mL의 무게)

❷ 식용유 3.5 L의 무게 구하기

❸ 빈 병의 무게 구하기

답 (   )

8 주스 4.8 L가 들어 있는 병의 무게를 재어 보니 6.7 kg이었습니다. 주스 600 mL를 마신 후 다시 무게를 재었더니 5.89 kg이 되었습니다. 빈 병의 무게는 몇 kg인지 구하세요.

(   )

9 간장이 가득 들어 있는 병의 무게를 재어 보니 5.64 kg이었습니다. 병에 들어 있던 간장의 $\frac{1}{3}$을 사용한 후 다시 무게를 재었더니 3.91 kg이 되었습니다. 빈 병의 무게는 몇 kg인지 구하세요.

(   )

01

🔗 유형 01 **C**

아버지의 키는 178 cm입니다. 오빠의 키는 아버지 키의 0.85배이고, 수빈이의 키는 오빠의 키의 0.9배입니다. 수빈이의 키는 몇 cm인지 구하세요.

(   )

02

🔗 유형 02 **A**

굵기가 일정한 철근 10 cm의 무게를 재어 보니 1.16 kg이었습니다. 이 철근 10 m의 무게는 몇 kg인지 구하세요.

(   )

03

🔗 유형 03 **B**

정사각형의 가로를 0.25배만큼 늘이고, 세로를 0.4배만큼 줄여서 새로운 직사각형을 그렸습니다. 새로 그린 직사각형의 넓이는 몇 cm²인지 구하세요.

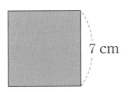

7 cm

(   )

04

유형 04 A+

0부터 9까지의 수 중에서 □ 안에 들어갈 수 있는 수를 모두 구하세요.

$$4.\square 4 > 2.6 \times 1.8$$

(   )

05

유형 06 B

8, 2, 6, 3 의 수 카드를 한 번씩 모두 사용하여 (소수 한 자리 수) × (소수 한 자리 수)의 곱셈식을 만들려고 합니다. 곱이 가장 클 때의 곱을 구하세요.

(   )

06

㉮ 자동차는 한 시간에 82.4 km를 달리고, ㉯ 자동차는 한 시간에 94.6 km를 달립니다. 이와 같은 빠르기로 두 자동차가 같은 장소에서 동시에 출발하여 서로 반대 방향으로 1시간 45분 동안 달렸다면 두 자동차 사이의 거리는 몇 km가 되는지 구하세요. (단, 자동차의 길이는 생각하지 않습니다.)

(   )

07

유형 08 C

음료수가 가득 들어 있는 병의 무게를 재어 보니 6.28 kg이었습니다. 병에 들어 있던 음료수의 $\frac{1}{2}$을 마신 후 다시 무게를 재었더니 3.18 kg이 되었습니다. 빈 병의 무게는 몇 kg인지 구하세요.

( )

08

0.3을 60번 곱했을 때 곱의 소수 60째 자리 숫자를 구하세요.

$0.3 = 0.3$
$0.3 \times 0.3 = 0.09$
$0.3 \times 0.3 \times 0.3 = 0.027$
$0.3 \times 0.3 \times 0.3 \times 0.3 = 0.0081$
$0.3 \times 0.3 \times 0.3 \times 0.3 \times 0.3 = 0.00243$
$\vdots$

( )

09

일정한 빠르기로 1분에 1.3 km를 달리는 전동차가 터널을 완전히 통과하는 데 2분 30초가 걸렸습니다. 전동차의 길이가 450 m일 때 터널의 길이는 몇 km인지 구하세요.

( )

5

직육면체

학습기록표

유형 01	학습일
	학습평가

정육면체에서의 면

A	평행한 면
B	수직인 면
C	전개도에서 마주 보는 면
D	면의 위치 관계

유형 02	학습일
	학습평가

직육면체의 전개도

A	선분의 길이
B	둘레
C	전개도에 선 나타내기
D	겨냥도에 선 나타내기

유형 03	학습일
	학습평가

직육면체의 모서리의 길이

A	모르는 모서리의 길이
B	사용한 끈의 길이
C	위, 앞, 옆 모양의 길이

유형 04	학습일
	학습평가

색칠된 정육면체의 수

A	한 면 색칠
B	두 면 이상 색칠

유형 마스터	학습일
	학습평가

직육면체

유형 01 · 정육면체에서의 면

A 정육면체에서 평행한 면 찾기

B | C | D

1

오른쪽은 각 면에 무늬가 그려진 정육면체를
서로 다른 세 방향에서 본 그림입니다.
◆가 그려진 면과 평행한 면에 그려진 무늬는 무엇인지
구하세요. (단, 무늬가 그려진 방향은 생각하지 않습니다.)

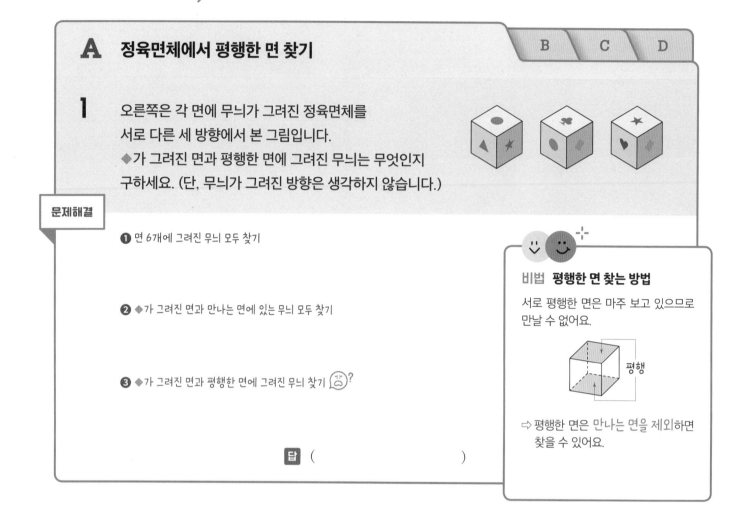

문제해결

❶ 면 6개에 그려진 무늬 모두 찾기

❷ ◆가 그려진 면과 만나는 면에 있는 무늬 모두 찾기

❸ ◆가 그려진 면과 평행한 면에 그려진 무늬 찾기 😥?

답 (   )

비법 평행한 면 찾는 방법

서로 평행한 면은 마주 보고 있으므로
만날 수 없어요.

평행

⇨ 평행한 면은 만나는 면을 제외하면
찾을 수 있어요.

2

오른쪽은 각 면에 보라색, 주황색, 파란색, 빨간색, 초록색,
노란색이 색칠된 정육면체를 서로 다른 세 방향에서 본 그
림입니다. 파란색이 색칠된 면과 평행한 면에 색칠된 색깔
은 무엇인지 구하세요.

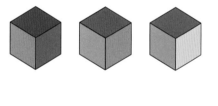

(   )

3

오른쪽은 각 면에 기호가 적힌 정육면체를 서로 다른 세
방향에서 본 그림입니다. ㉢이 적힌 면과 마주 보는 면에
적힌 기호는 무엇인지 구하세요. (단, 기호가 적힌 방향은
생각하지 않습니다.)

(   )

| A | **B 정육면체에서 수직인 면 찾기** | C | D |

4 오른쪽은 2, 3, 4, 5, 6, 7이 쓰여진 정육면체를
세 방향에서 본 그림입니다.
5가 쓰여진 면과 수직인 면에 쓰여진 수를 모두 구하세요.
(단, 수가 쓰여진 방향은 생각하지 않습니다.)

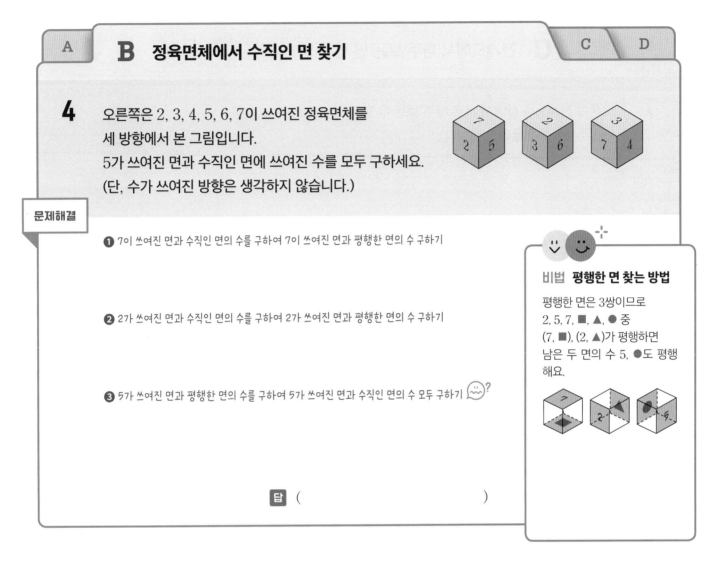

문제해결

❶ 7이 쓰여진 면과 수직인 면의 수를 구하여 7이 쓰여진 면과 평행한 면의 수 구하기

❷ 2가 쓰여진 면과 수직인 면의 수를 구하여 2가 쓰여진 면과 평행한 면의 수 구하기

❸ 5가 쓰여진 면과 평행한 면의 수를 구하여 5가 쓰여진 면과 수직인 면의 수 모두 구하기 ?

비법 평행한 면 찾는 방법

평행한 면은 3쌍이므로
2, 5, 7, ■, ▲, ● 중
(7, ■), (2, ▲)가 평행하면
남은 두 면의 수 5, ●도 평행
해요.

답 (   )

5 오른쪽은 1부터 6까지의 숫자가 쓰여진 정육면체를 세 방향에서 본 그림입니다. 4가 쓰여진 면과 수직인 면에 쓰여진 수를 모두 구하세요. (단, 수가 쓰여진 방향은 생각하지 않습니다.)

(   )

6 오른쪽은 1부터 6까지의 눈이 그려진 주사위를 세 방향에서 본 그림입니다. 2가 그려진 면과 수직인 면에 있는 눈의 수의 합을 구하세요. (단, 눈의 수가 그려진 방향은 생각하지 않습니다.)

(   )

C 전개도에서 마주 보는 면 찾기

A   B   D

7 오른쪽 전개도를 접어서 서로 마주 보는 두 면에 있는 눈의 수의 합이
7인 주사위를 만들려고 합니다.
면 ㉠, ㉡, ㉢ 중 가장 적은 눈의 수가 그려질 면을 찾아 기호를 쓰세요.

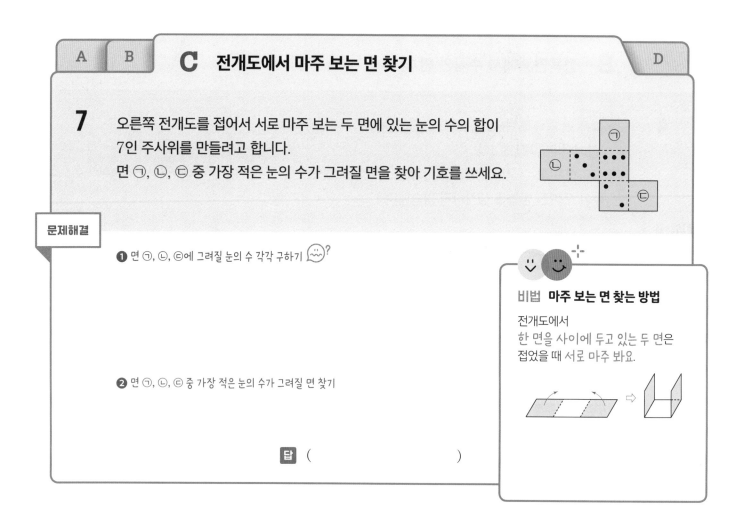

문제해결

❶ 면 ㉠, ㉡, ㉢에 그려질 눈의 수 각각 구하기 ?

❷ 면 ㉠, ㉡, ㉢ 중 가장 적은 눈의 수가 그려질 면 찾기

답 (   )

비법 마주 보는 면 찾는 방법

전개도에서
한 면을 사이에 두고 있는 두 면은
접었을 때 서로 마주 봐요.

8 오른쪽 전개도를 접어서 서로 마주 보는 두 면에 있는 눈의 수의 합이
7인 주사위를 만들려고 합니다. 면 ㉠, ㉡, ㉢ 중 가장 많은 눈의 수가
그려질 면을 찾아 기호를 쓰세요.

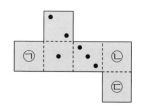

(   )

9 다음 전개도는 왼쪽 주사위의 전개도를 그린 것입니다. 전개도의 빈 곳에 주사위의 눈을 알맞게
그려 보세요. (단, 마주 보는 두 면에 있는 눈의 수의 합은 7입니다.)

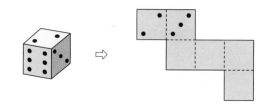

| A | B | C | **D 정육면체에서 면의 위치 관계** |

10 전개도를 접어서 만들 수 있는 정육면체를 찾아 기호를 쓰세요.
(단, 수가 쓰여진 방향은 생각하지 않습니다.)

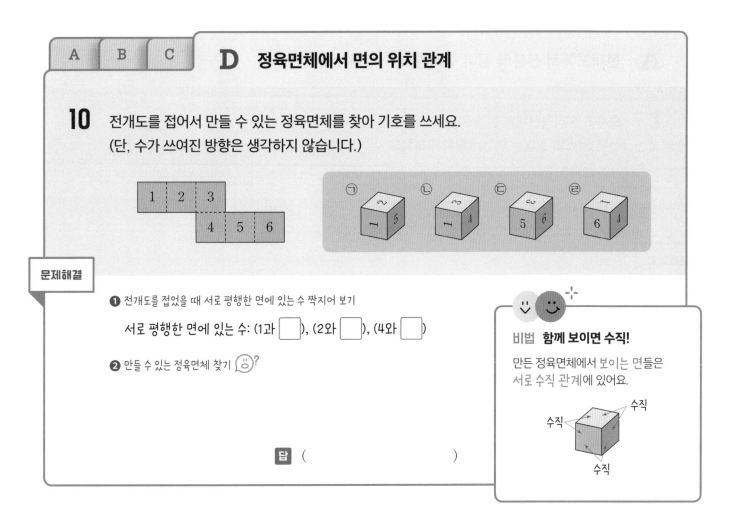

문제해결

❶ 전개도를 접었을 때 서로 평행한 면에 있는 수 짝지어 보기

서로 평행한 면에 있는 수: (1과 ☐), (2와 ☐), (4와 ☐)

❷ 만들 수 있는 정육면체 찾기 ?

비법 함께 보이면 수직!

만든 정육면체에서 보이는 면들은
서로 수직 관계에 있어요.

수직
수직
수직

답 ( )

11 전개도를 접어서 만들 수 있는 정육면체를 찾아 기호를 쓰세요. (단, 알파벳이 쓰여진 방향은 생각하지 않습니다.)

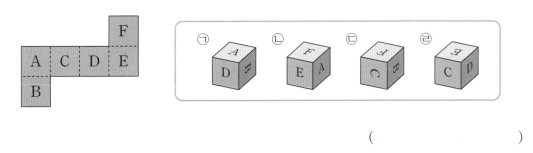

( )

12 전개도를 접어서 만들 수 있는 정육면체를 찾아 기호를 쓰세요.

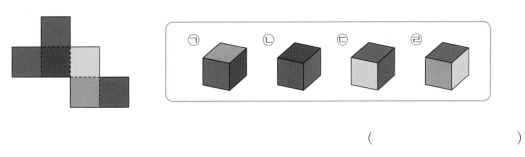

( )

직육면체의 전개도

A 전개도에서 선분의 길이 구하기

B · C · D

1 오른쪽은 직육면체의 전개도입니다.
선분 ㅈㅇ의 길이는 몇 cm인지 구하세요.

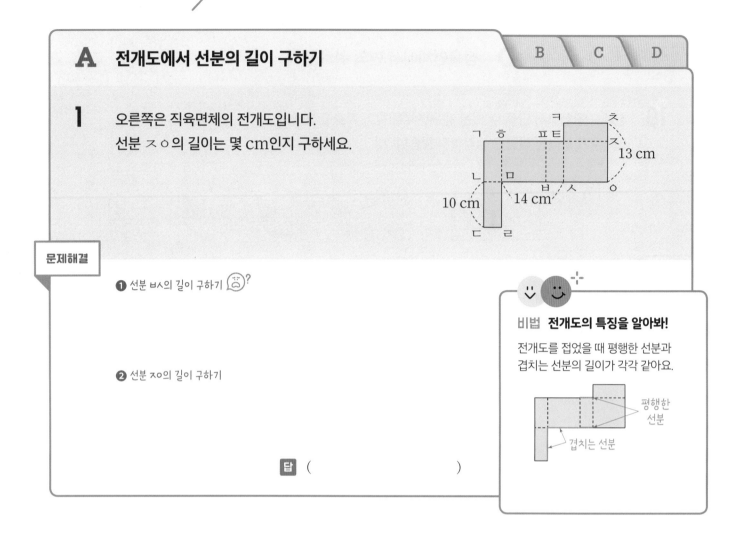

문제해결

❶ 선분 ㅂㅅ의 길이 구하기 😣?

❷ 선분 ㅈㅇ의 길이 구하기

비법 전개도의 특징을 알아봐!

전개도를 접었을 때 평행한 선분과 겹치는 선분의 길이가 각각 같아요.

평행한 선분
겹치는 선분

답 ( )

2 오른쪽은 직육면체의 전개도입니다. 선분 ㄱㄴ의 길이
는 몇 cm인지 구하세요.

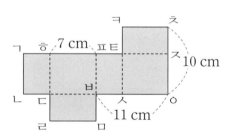

( )

3 오른쪽과 같이 직사각형 모양의 종이 위에 직육면체의 전
개도를 그렸습니다. 면 ㅌㅈㅊㅋ의 넓이는 몇 cm²인지 구
하세요.

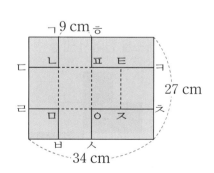

( )

| A | **B** 전개도에서 둘레 구하기 | | C | D |

4 오른쪽은 직육면체의 전개도입니다.
전개도의 둘레는 몇 cm인지 구하세요.

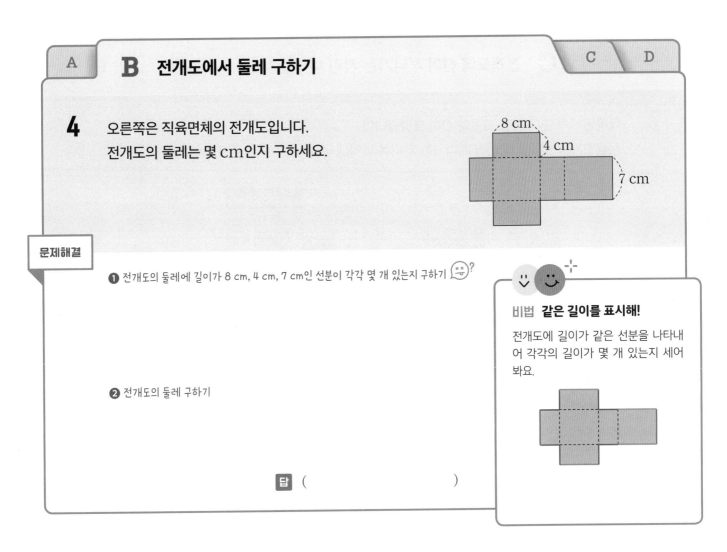

문제해결

❶ 전개도의 둘레에 길이가 8 cm, 4 cm, 7 cm인 선분이 각각 몇 개 있는지 구하기

비법 **같은 길이를 표시해!**

전개도에 길이가 같은 선분을 나타내어 각각의 길이가 몇 개 있는지 세어 봐요.

❷ 전개도의 둘레 구하기

답 ( )

5 오른쪽은 직육면체의 전개도입니다. 전개도의 둘레는 몇 cm인지
구하세요.

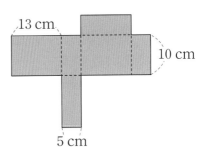

( )

6 오른쪽은 직육면체의 전개도입니다. 전개도의 둘레는 몇
cm인지 구하세요.

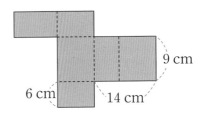

( )

A B **C 전개도에 선이 지나가는 자리 나타내기** D

7 직육면체의 면에 선을 그림과 같이 그었습니다.
직육면체의 전개도에 선이 지나가는 자리를 나타내세요.

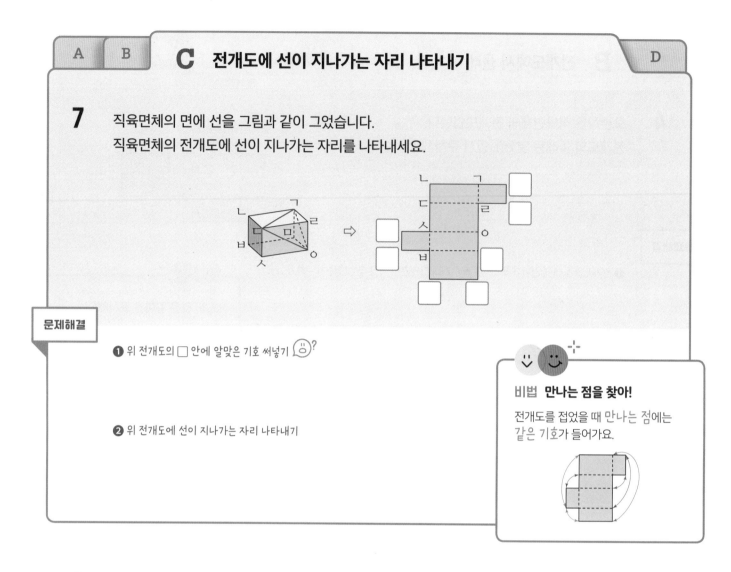

문제해결

❶ 위 전개도의 ☐ 안에 알맞은 기호 써넣기 😊?

❷ 위 전개도에 선이 지나가는 자리 나타내기

비법 만나는 점을 찾아!

전개도를 접었을 때 만나는 점에는
같은 기호가 들어가요.

8 직육면체의 면에 선을 그림과 같이 그었습니다. 직육면체의 전개도에 선이 지나가는 자리를 나타
내세요.

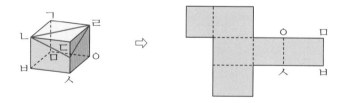

9 정육면체 모양의 상자에 그림과 같이 끈을 둘렀습니다. 정육면체의 전개도에 끈이 지나가는 자리
를 나타내세요.

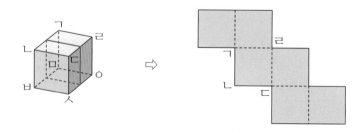

포기하지 마. 넌 할 수 있어!

| A | B | C | **D** 겨냥도에 선이 지나가는 자리 나타내기 |

5. 직육면체

10 직육면체의 전개도에 선을 그었습니다.
직육면체에 선이 지나가는 자리를 나타내세요.

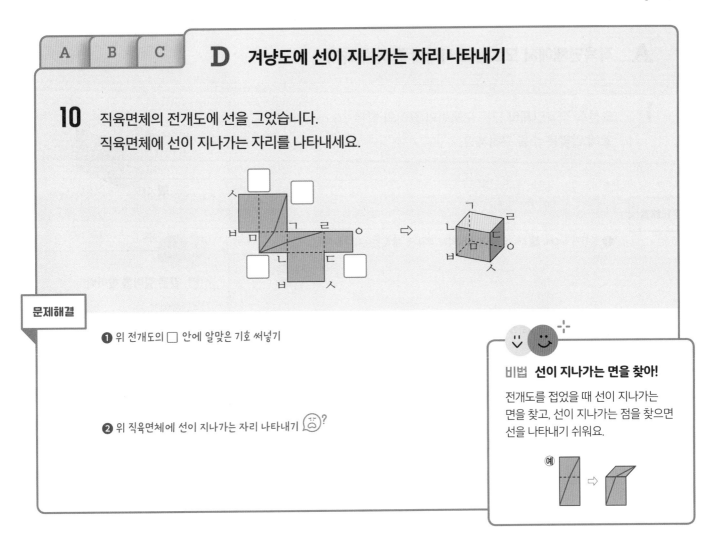

문제해결

❶ 위 전개도의 ☐ 안에 알맞은 기호 써넣기

❷ 위 직육면체에 선이 지나가는 자리 나타내기 😟?

비법 선이 지나가는 면을 찾아!

전개도를 접었을 때 선이 지나가는
면을 찾고, 선이 지나가는 점을 찾으면
선을 나타내기 쉬워요.

예

11 직육면체의 전개도에 선을 그었습니다. 직육면체에 선이 지나가는 자리를 나타내세요.

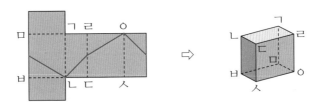

12 정육면체의 전개도에 선을 그었습니다. 정육면체에 선이 지나가는 자리를 나타내세요.

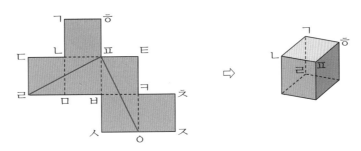

직육면체의 모서리의 길이

A 직육면체에서 모르는 모서리의 길이 구하기   B   C

1 오른쪽 직육면체의 모든 모서리의 길이의 합은 76 cm입니다.
■에 알맞은 수를 구하세요.

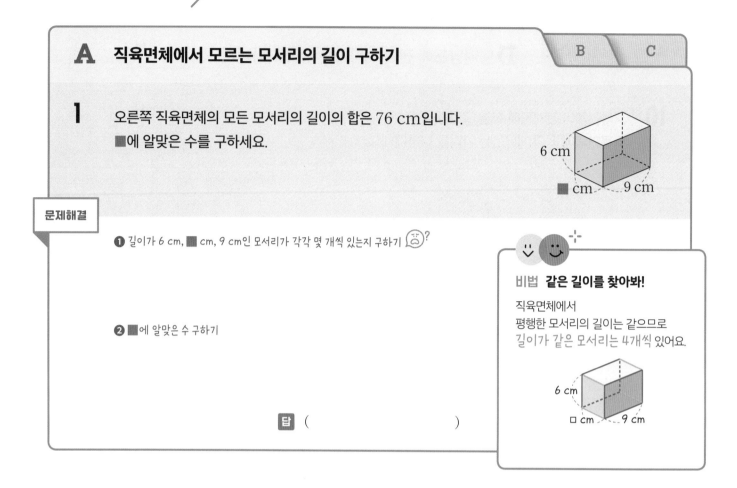

문제해결

❶ 길이가 6 cm, ■ cm, 9 cm인 모서리가 각각 몇 개씩 있는지 구하기 😣?

비법 **같은 길이를 찾아봐!**

직육면체에서
평행한 모서리의 길이는 같으므로
길이가 같은 모서리는 4개씩 있어요.

❷ ■에 알맞은 수 구하기

답 (   )

2 오른쪽 직육면체의 모든 모서리의 길이의 합은 80 cm입니다.
☐ 안에 알맞은 수를 구하세요.

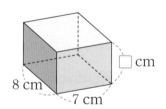

(   )

3 정육면체 ㉮와 직육면체 ㉯의 모든 모서리의 길이의 합은 같습니다. 직육면체 ㉯에서 ㉠에 알맞은 수를 구하세요.

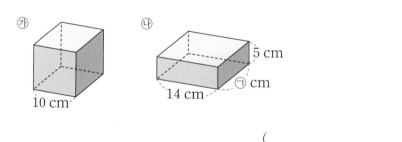

(   )

B 상자를 묶는 데 사용한 끈의 길이 구하기

4 직육면체 모양의 상자를 오른쪽과 같이 끈을 모서리와 평행하게 묶으려고 합니다.
필요한 끈의 길이는 몇 cm인지 구하세요.
(단, 매듭의 길이는 생각하지 않습니다.)

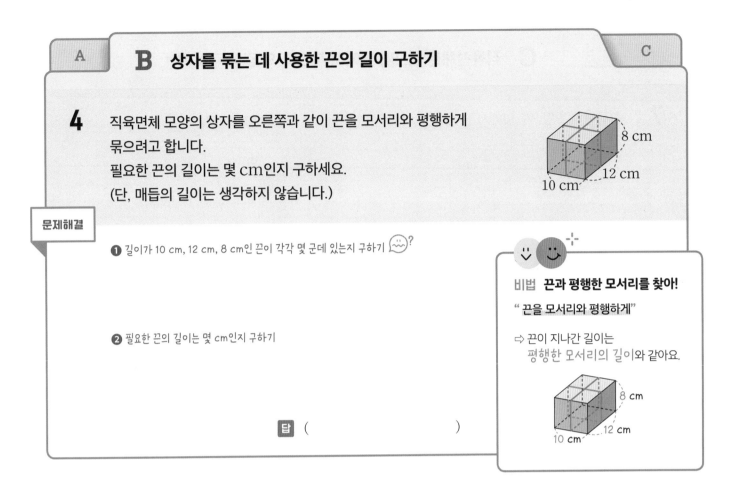

문제해결

❶ 길이가 10 cm, 12 cm, 8 cm인 끈이 각각 몇 군데 있는지 구하기 🫥?

❷ 필요한 끈의 길이는 몇 cm인지 구하기

답 ( )

비법 끈과 평행한 모서리를 찾아!
" 끈을 모서리와 평행하게"

⇨ 끈이 지나간 길이는
평행한 모서리의 길이와 같아요.

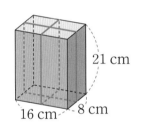

5 직육면체 모양의 상자를 오른쪽과 같이 끈을 모서리와 평행하게 묶으려고 합니다. 필요한 끈의 길이는 몇 cm인지 구하세요. (단, 매듭의 길이는 생각하지 않습니다.)

( )

6 한 모서리의 길이가 15 cm인 정육면체 모양의 상자를 오른쪽과 같이 리본을 모서리와 평행하게 하여 묶었습니다. 매듭으로 20 cm를 사용했다면 사용한 리본의 길이는 모두 몇 cm인지 구하세요.

( )

A	B	**C** 직육면체를 위, 앞, 옆에서 본 모양의 길이 구하기

7 직육면체를 앞, 위, 옆에서 본 모양입니다. ☐ 안에 알맞은 수를 써넣으세요.

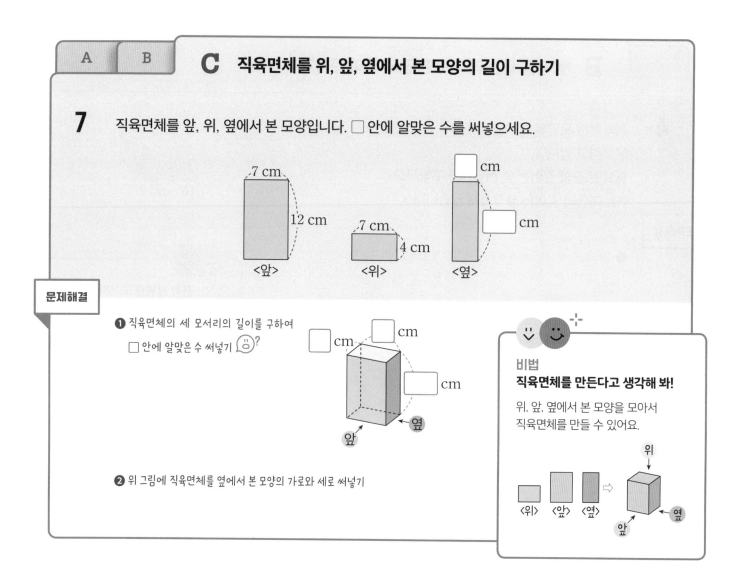

문제해결

❶ 직육면체의 세 모서리의 길이를 구하여
☐ 안에 알맞은 수 써넣기 😊?

❷ 위 그림에 직육면체를 옆에서 본 모양의 가로와 세로 써넣기

비법
직육면체를 만든다고 생각해 봐!

위, 앞, 옆에서 본 모양을 모아서
직육면체를 만들 수 있어요.

8 직육면체를 앞, 옆, 위에서 본 모양입니다. ☐ 안에 알맞은 수를 써넣으세요.

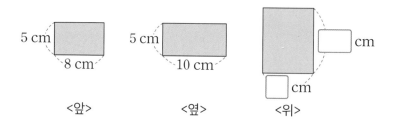

9 오른쪽은 직육면체를 앞과 위에서 본 모양입니다.
옆에서 본 모양의 모서리의 길이의 합은 몇 cm인지
구하세요.

(   )

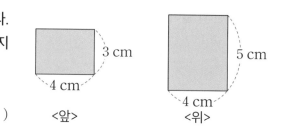

색칠된 정육면체의 수

A 한 면이 색칠된 정육면체의 수 구하기

B

1 오른쪽 그림과 같이 정육면체의 모든 면을 분홍색으로 색칠한 다음 각 모서리를 3등분 하여 크기가 같은 작은 정육면체로 모두 잘랐습니다. 한 면이 색칠된 작은 정육면체는 모두 몇 개인지 구하세요.

문제해결

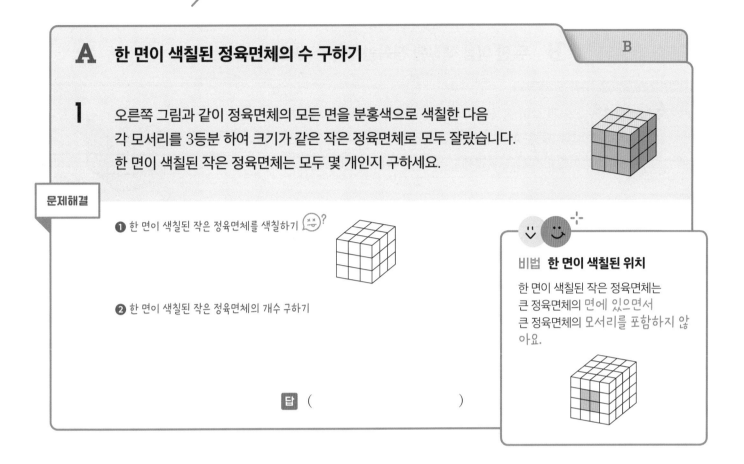

❶ 한 면이 색칠된 작은 정육면체를 색칠하기

❷ 한 면이 색칠된 작은 정육면체의 개수 구하기

비법 한 면이 색칠된 위치

한 면이 색칠된 작은 정육면체는 큰 정육면체의 면에 있으면서 큰 정육면체의 모서리를 포함하지 않아요.

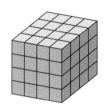

답 (   )

2 오른쪽 그림과 같이 정육면체의 모든 면을 분홍색으로 색칠한 다음 각 모서리를 4등분 하여 크기가 같은 작은 정육면체로 모두 잘랐습니다. 한 면이 색칠된 작은 정육면체는 모두 몇 개인지 구하세요.

(   )

3 오른쪽 그림과 같이 직육면체의 모든 면을 분홍색으로 색칠한 다음 각 모서리를 크기가 같은 작은 정육면체로 모두 잘랐습니다. 한 면이 색칠된 작은 정육면체는 모두 몇 개인지 구하세요.

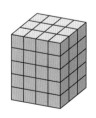

(   )

A

B 두 면 이상 색칠된 정육면체의 수 구하기

4 오른쪽 그림과 같이 정육면체의 모든 면을 연두색으로 색칠한 다음
각 모서리를 3등분 하여 크기가 같은 작은 정육면체로 모두 잘랐습니다.
두 면이 색칠된 작은 정육면체는 모두 몇 개인지 구하세요.

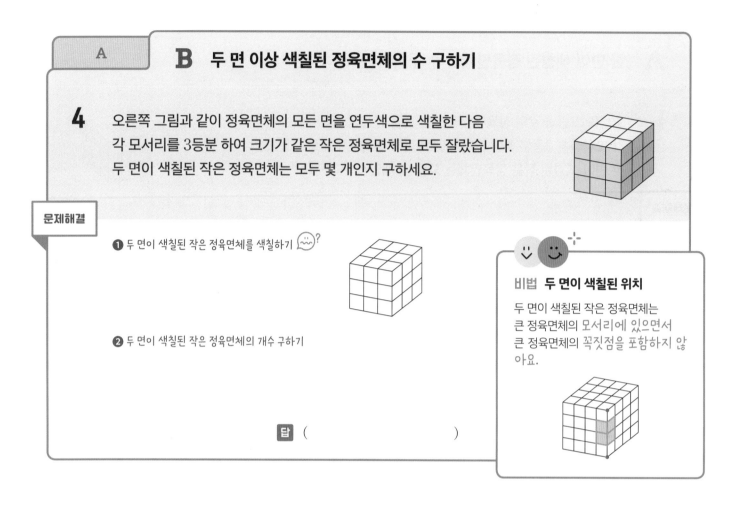

문제해결

❶ 두 면이 색칠된 작은 정육면체를 색칠하기 😵?

❷ 두 면이 색칠된 작은 정육면체의 개수 구하기

답 (   )

☺ ☺

비법 두 면이 색칠된 위치

두 면이 색칠된 작은 정육면체는
큰 정육면체의 모서리에 있으면서
큰 정육면체의 꼭짓점을 포함하지 않
아요.

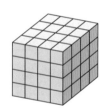

5 오른쪽 그림과 같이 정육면체의 모든 면을 연두색으로 색칠한 다음 각 모서
리를 4등분 하여 크기가 같은 작은 정육면체로 모두 잘랐습니다. 두 면이 색
칠된 작은 정육면체는 모두 몇 개인지 구하세요.

(   )

6 오른쪽 그림과 같이 정육면체의 모든 면을 연두색으로 색칠한 다음 각 모서리
를 3등분 하여 크기가 같은 작은 정육면체로 모두 잘랐습니다. 세 면이 색칠된
작은 정육면체는 모두 몇 개인지 구하세요.

세 면이 색칠된 작은 정육면체는
큰 정육면체의 각 꼭짓점을 포함한 정육면체예요.

(   )

01 다음 직육면체의 전개도를 접었을 때 빨간색 면과 파란색 면에 동시에 수직인 면을 모두 찾아
쓰세요.

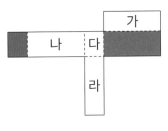

( )

02 왼쪽과 같이 세 면에만 무늬 (◆)가 그려져 있는 정육면체를 만들 수 있도록 전개도에 무늬(◆)
를 1개 그려 넣으세요.

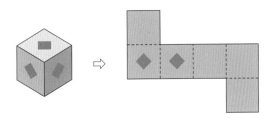

03 오른쪽과 같은 전개도를 접어 정육면체를 만들 때 마주 보는 면에 적
힌 두 수의 곱 중 가장 큰 값을 구하세요.

유형 01 **C**

( )

3	4		
	15	8	2
			7

04 직육면체의 전개도입니다. 선분 ㅌㅋ의 길이는 몇 cm인지 구하세요.

유형 02 Ⓐ

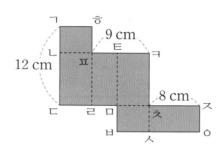

(   )

05 직육면체 모양의 상자를 오른쪽과 같이 리본을 모서리와 평행하게 하여 묶었습니다. 매듭으로 25 cm를 사용했다면 사용한 리본의 길이는 모두 몇 cm인지 구하세요.

유형 03 Ⓑ

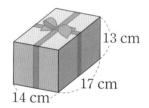

(   )

06 직육면체를 앞과 옆에서 본 모양입니다. 이 직육면체를 위에서 본 모양의 넓이는 몇 cm²인지 구하세요.

유형 03 Ⓒ

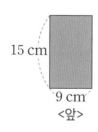 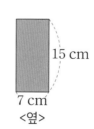

15 cm   15 cm

9 cm   7 cm

<앞>   <옆>

(   )

07

유형 04 **B**

오른쪽 그림과 같이 크기가 같은 정육면체 36개를 붙인 후 바닥을 포함하여 모든 겉면에 색칠하였습니다. 세 면이 색칠된 작은 정육면체는 모두 몇 개인지 구하세요.

(   )

08

유형 02 **C**

직육면체 모양의 상자를 왼쪽과 같이 기울인 다음 물이 들어 있는 통에 다른 곳은 묻지 않게 담갔다가 꺼냈습니다. 이 상자의 전개도에 물이 묻은 부분을 색칠해 보세요.

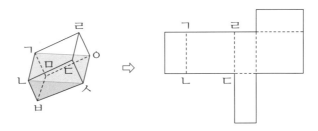

09

서로 마주 보는 면에 있는 눈의 수의 합이 7인 주사위를 오른쪽 그림과 같이 붙여서 직육면체를 만들었습니다. 맞닿는 면에 있는 눈의 수의 합이 6일 때 만든 직육면체에서 바닥과 맞닿는 면에 있는 눈의 수를 구하세요.

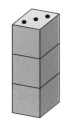

(   )

6

평균과 가능성

학습기록표

유형 01	학습일
	학습평가

평균 비교하기

A	평균 비교
B	합계가 같은 평균 비교

유형 02	학습일
	학습평가

평균 구하기

A	부분의 평균 이용
B	차이만큼 나누기

유형 03	학습일
	학습평가

모르는 자료의 값 구하기

A	모르는 자료의 값
A+	자료의 값 예측
A++	늘어난 자료의 값

유형 04	학습일
	학습평가

일이 일어날 가능성

A	수로 표현
A+	비교

유형 마스터	학습일
	학습평가

평균과 가능성

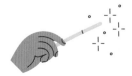

A 평균을 구하여 비교하기 · B

1 지윤이네 모둠 학생들의 멀리뛰기 기록을 나타낸 표입니다.
멀리뛰기 기록이 평균보다 좋은 학생을 모두 구하세요.

멀리뛰기 기록

이름	지윤	민주	정호	유진	성재	예진
기록(cm)	180	185	120	135	136	150

문제해결

❶ 멀리뛰기 기록의 평균 구하기

❷ 멀리뛰기 기록이 평균보다 좋은 학생 모두 구하기 🙂?

답 (   )

비법 평균은 중간값이 아니야!

평균은 자료의 중앙에 위치해 있지 않아요.
6명 중 기록이 좋은 3명이 평균보다 좋다고
생각하면 안 돼요.

예 1, 2, 3, 10
⇨ (평균) = (1 + 2 + 3 + 10) ÷ 4 = 4
⇨ 평균보다 큰 수: ~~1, 2, 3,~~ 10

2 3월부터 7월까지 월별 도서관을 이용한 학생 수를 나타낸 표입니다. 도서관을 이용한 학생 수가
평균보다 적은 때는 몇 월인지 모두 구하세요.

도서관 이용 학생 수

월	3월	4월	5월	6월	7월
학생 수(명)	115	96	137	108	129

(   )

3 수민이네 모둠 학생들의 100 m 달리기 기록을 나타낸 표입니다. 100 m 달리기 기록이 평균보
다 좋은 학생을 구하세요.

100 m 달리기 기록

이름	수민	예나	주호	선주
기록(초)	18.4	19	18.2	16.4

100 m 달리기 기록은 빨리 달릴수록 좋아요. 😉

(   )

A	**B** **합계가 같을 때 평균 비교하기**

4 지민이와 도현이는 독서 마라톤을 하고 있습니다.
지민이가 5개월 동안 읽은 책의 쪽수와 도현이가 4개월 동안 읽은 책의 쪽수의 합이
1220쪽으로 같았습니다.
한 달 동안 읽은 책 쪽수의 평균은 누가 몇 쪽 더 많은지 구하세요.

문제해결

❶ 지민이가 한 달 동안 읽은 책 쪽수의 평균 구하기

❷ 도현이가 한 달 동안 읽은 책 쪽수의 평균 구하기

❸ 한 달 동안 읽은 책 쪽수의 평균은 누가 몇 쪽 더 많은지 구하기 ?

답 (,)

> **비법 자료의 수에 주목해!**
>
> (평균)＝(자료 값의 합)÷(자료의 수)
> ⇨ 합이 같으면 자료의 수가 작을수록 평균이 커지므로 자료의 수에 주의해요.
>
> " 지민이가 **5개월** 동안
>   도현이가 **4개월** 동안"
>
> | 이름 | 지민 | 도현 |
> |------|------|------|
> | 자료의 수 | 5 | 4 |

5 감자 768상자를 포장하는 데 ㉮ 공장은 4시간이 걸리고 ㉯ 공장은 6시간이 걸립니다. 한 시간당 포장하는 상자 수의 평균은 어떤 공장이 몇 상자 더 많은지 구하세요.

(,)

6 ㉮ 동네의 가구 수는 210가구이고 ㉯ 동네의 가구 수는 ㉮ 동네보다 30가구 적습니다. 두 동네가 각각 사용할 수 있는 텃밭의 넓이가 6300 m²로 같을 때 한 가구당 사용할 수 있는 텃밭 넓이의 평균은 어느 동네가 몇 m² 더 넓은지 구하세요.

(,)

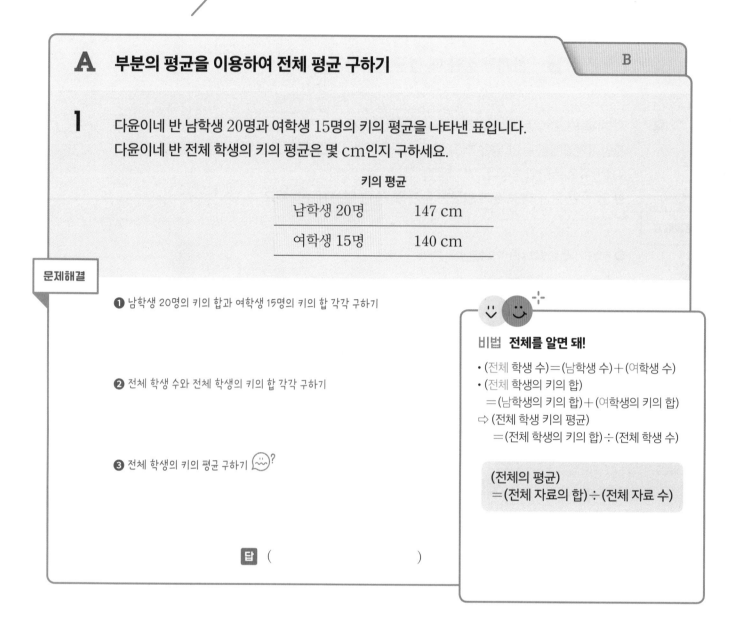

A 부분의 평균을 이용하여 전체 평균 구하기

B

1 다윤이네 반 남학생 20명과 여학생 15명의 키의 평균을 나타낸 표입니다.
다윤이네 반 전체 학생의 키의 평균은 몇 cm인지 구하세요.

키의 평균

남학생 20명	147 cm
여학생 15명	140 cm

문제해결

❶ 남학생 20명의 키의 합과 여학생 15명의 키의 합 각각 구하기

❷ 전체 학생 수와 전체 학생의 키의 합 각각 구하기

❸ 전체 학생의 키의 평균 구하기 ?

비법 전체를 알면 돼!

• (전체 학생 수)＝(남학생 수)＋(여학생 수)
• (전체 학생의 키의 합)
  ＝(남학생의 키의 합)＋(여학생의 키의 합)
⇨ (전체 학생 키의 평균)
  ＝(전체 학생의 키의 합)÷(전체 학생 수)

(전체의 평균)
＝(전체 자료의 합)÷(전체 자료 수)

답 ( )

2 유영이네 반 남학생 10명과 여학생 14명의 수행 평가 점수의 평균을 나타낸 것입니다. 유영이네
반 전체 학생의 수행 평가 점수의 평균은 몇 점인지 구하세요.

수행 평가 점수의 평균

남학생 10명	83.9점
여학생 14명	87.5점

( )

3 예진이네 반 학생은 모두 20명이고 그중에서 여학생은 8명입니다. 예진이네 반 전체 학생의 몸
무게의 평균은 42.5 kg이고, 여학생의 몸무게의 평균은 41.75 kg일 때 남학생의 몸무게의 평
균은 몇 kg인지 구하세요.

( )

A		

B 차이만큼을 나누어 평균 구하기

4 수진이의 1학기 시험에서 네 과목의 점수의 평균은 81점이었습니다.
수진이가 2학기 시험에서 한 과목만 1학기 시험보다 20점 높은 점수를 받았습니다.
나머지 과목의 점수는 1학기 시험과 같다면
2학기 시험에서 네 과목의 점수의 평균은 몇 점인지 구하세요.

문제해결

❶ 2학기 시험에서 네 과목의 점수의 평균은 몇 점 오르는지 구하기 ?

네 과목 중 한 과목만 ☐점 높아졌으므로

2학기 시험에서 네 과목의 점수의 평균은 ☐÷4=☐(점)이
오릅니다.

❷ 2학기 시험에서 네 과목의 점수의 평균 구하기

답 (   )

비법 평균을 알아봐!

평균은
자료의 값을 고르게 하는 거예요.

+20점

| 81점 | 81점 | 81점 | 81점 | ⇨ | | | | |

5 지효네 수영장에 지난 일주일 동안 하루 이용자 수의 평균은 49명이었습니다. 이번 주에는 토요일만 지난주보다 이용자 수가 21명 더 많았습니다. 다른 요일의 이용자 수는 지난주와 같다면 이번 주 일주일 동안 하루 이용자 수의 평균은 몇 명인지 구하세요.

(   )

6 네 가지 색의 구슬을 색깔별로 봉지에 담은 후 수가 적은 봉지부터 차례로 놓았습니다. 두 번째 봉지의 구슬은 첫 번째 봉지의 구슬보다 4개 더 많고, 세 번째 봉지의 구슬은 두 번째 봉지의 구슬보다 4개 더 많고, 네 번째 봉지의 구슬은 세 번째 봉지의 구슬보다 4개 더 많습니다. 네 봉지의 구슬 수의 평균은 첫 번째 봉지의 구슬 수보다 몇 개 더 많은지 구하세요.

(   )

첫 번째 봉지의 구슬보다 각각 얼마나 더 많은지 알면 각 봉지의
구슬 수를 알지 못해도 평균과 얼마나 차이가 나는지 알 수 있어요.

모르는 자료의 값 구하기

A 모르는 자료의 값 구하기

A+   A++

1 영준이네 모둠 학생들의 줄넘기 기록을 나타낸 표입니다.
줄넘기 기록의 평균이 115번일 때, 은주의 줄넘기 기록은 몇 번인지 구하세요.

줄넘기 기록

이름	영준	민아	은주	도영	재훈
기록(번)	125	98		112	130

문제해결

❶ 다섯 사람의 줄넘기 기록의 합 구하기 😊?

❷ 은주의 줄넘기 기록 구하기

답 (   )

비법 식을 바꿔 봐!

평균 구하는 식에서 자료 값의 합을 구하는 식을 만들어 봐요.

(평균)=(자료 값의 합)÷(자료의 수)
⇨ (자료 값의 합)=(평균)×(자료의 수)

2 윤아네 모둠 학생들의 몸무게를 나타낸 표입니다. 학생들의 몸무게의 평균이 43 kg일 때, 서진이의 몸무게는 몇 kg인지 구하세요.

학생들의 몸무게

이름	윤아	주호	서진	민재
몸무게(kg)	42.5	46.8		41.6

(   )

3 영규네 모둠 학생들이 읽은 책 수를 나타낸 표입니다. 네 사람이 읽은 책 수의 평균이 26권이고, 영규는 지현이보다 5권 더 읽었습니다. 영규가 읽은 책은 몇 권인지 구하세요.

읽은 책 수

이름	영규	유빈	지현	수호
책 수(권)		29		32

(   )

A+ 다음 번 자료의 값 예측하기

A   A++

4 재민이의 4회까지 공 던지기 기록을 나타낸 표입니다.

5회까지 공 던지기 기록의 평균이 22 m 이상이 되어야 반 대표로 대회에 나갈 수 있습니다.

반 대표가 되려면 5회의 공 던지기 기록은 적어도 몇 m여야 하는지 구하세요.

공 던지기 기록

회	1회	2회	3회	4회
기록(m)	21	24	17	19

문제해결

❶ 5회까지 공 던지기 기록의 합은 몇 m 이상이 되어야 하는지 구하기

❷ 5회의 공 던지기 기록은 적어도 몇 m여야 하는지 구하기

비법 5회까지의 평균을 22 m로 계산해!

" 5회까지 평균이 **22 m 이상**"

⇨ 기록의 평균이 22 m와 같거나 22 m보다 좋아야 하므로 평균은 적어도 22m여야 해요.

답 (   )

5 유민이가 4개월 동안 사용한 용돈을 나타낸 표입니다. 1월부터 5월까지 사용한 용돈의 평균이 4500원 이하가 되게 하려면 5월에 사용할 수 있는 용돈은 최대 얼마인지 구하세요.

사용한 용돈

월	1월	2월	3월	4월
용돈(원)	4800	3500	4700	2900

(   )

6 주영이네 모둠에 한 명이 더 들어온 후 예준이네 모둠의 수학 점수의 평균보다 높아졌습니다. 새로운 학생의 수학 점수는 몇 점 초과여야 하는지 구하세요.

주영이네 모둠의 수학 점수

이름	주영	민호	수빈	진아
점수(점)	79	92	86	90

예준이네 모둠의 수학 점수

이름	예준	승재	정아	선호
점수(점)	94	88	76	94

(   )

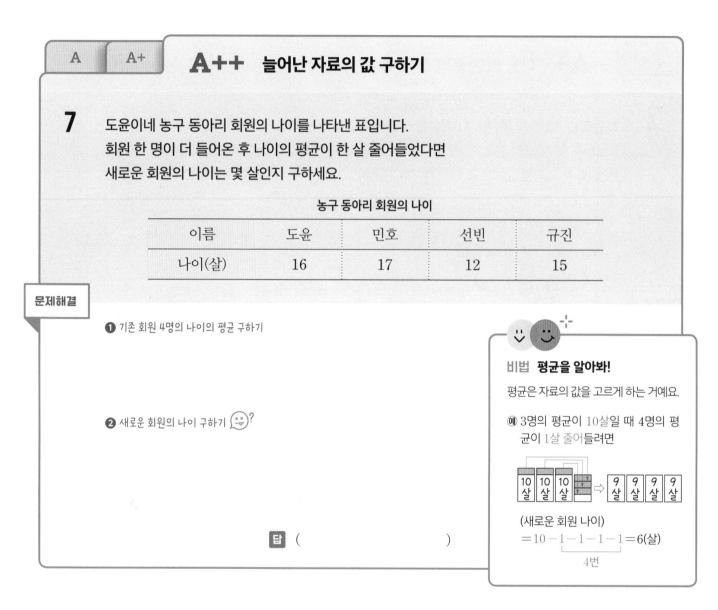

A **A+**

A++ 늘어난 자료의 값 구하기

7 도윤이네 농구 동아리 회원의 나이를 나타낸 표입니다.
회원 한 명이 더 들어온 후 나이의 평균이 한 살 줄어들었다면
새로운 회원의 나이는 몇 살인지 구하세요.

농구 동아리 회원의 나이

이름	도윤	민호	선빈	규진
나이(살)	16	17	12	15

문제해결

❶ 기존 회원 4명의 나이의 평균 구하기

❷ 새로운 회원의 나이 구하기

비법 평균을 알아봐!

평균은 자료의 값을 고르게 하는 거예요.

예 3명의 평균이 10살일 때 4명의 평균이 1살 줄어들려면

| 10살 | 10살 | 10살 | | ⇨ | 9살 | 9살 | 9살 | 9살 |

(새로운 회원 나이)
$= 10-1-1-1-1 = 6(살)$
4번

답 (   )

---

8 지민이네 탁구 동아리 회원의 나이를 나타낸 표입니다. 회원 한 명이 더 들어온 후 나이의 평균이 한 살 늘었습니다. 새로운 회원의 나이는 몇 살인지 구하세요.

탁구 동아리 회원의 나이

이름	지민	예준	성진	유나
나이(살)	13	17	12	14

(   )

---

9 수진이의 영어 점수를 나타낸 표입니다. 5회까지의 평균이 4회까지의 평균보다 2점 높아지려면 5회에서 몇 점을 받아야 하는지 구하세요.

영어 점수

회	1회	2회	3회	4회
점수(점)	84	86	90	80

(   )

일이 일어날 가능성

A 일이 일어날 가능성을 수로 표현하기 A+

1 다음 일이 일어날 가능성을 수로 표현하세요.

> 영주가 가지고 있는 구슬의 수가 홀수일 때, 2개의
> 주머니에 남는 구슬 없이 똑같이 나누어 담을 가능성

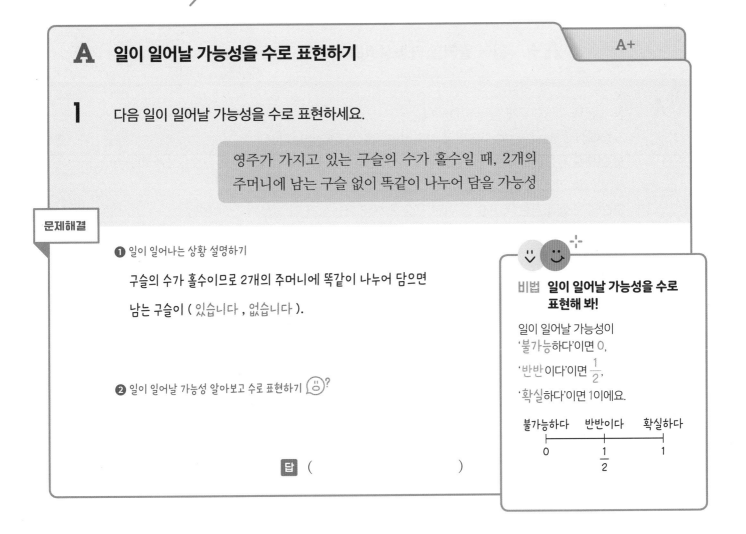

문제해결

❶ 일이 일어나는 상황 설명하기

구슬의 수가 홀수이므로 2개의 주머니에 똑같이 나누어 담으면
남는 구슬이 (있습니다 , 없습니다).

❷ 일이 일어날 가능성 알아보고 수로 표현하기 😃?

답 (   )

> **비법** **일이 일어날 가능성을 수로 표현해 봐!**
>
> 일이 일어날 가능성이
> '불가능하다'이면 0,
> '반반이다'이면 $\frac{1}{2}$,
> '확실하다'이면 1이에요.
>
> 불가능하다　　반반이다　　확실하다
>
> 0　　　　$\frac{1}{2}$　　　　1

2 공 10개가 들어 있는 상자에서 1개 이상의 공을 한 번에 꺼낼 때, 꺼낸 공의 수가 짝수일 가능성
을 수로 표현하세요.

(   )

3 일이 일어날 가능성이 큰 것부터 차례대로 기호를 쓰세요.

> ㉠ 100원짜리 동전 2개가 들어 있는 주머니에서 동전 1개를
> 　 꺼낼 때 10원짜리 동전을 꺼낼 가능성
> ㉡ 친구의 동생이 한 명일 때 남자일 가능성
> ㉢ 주사위를 굴렸을 때 눈의 수가 7보다 작을 가능성

(   )

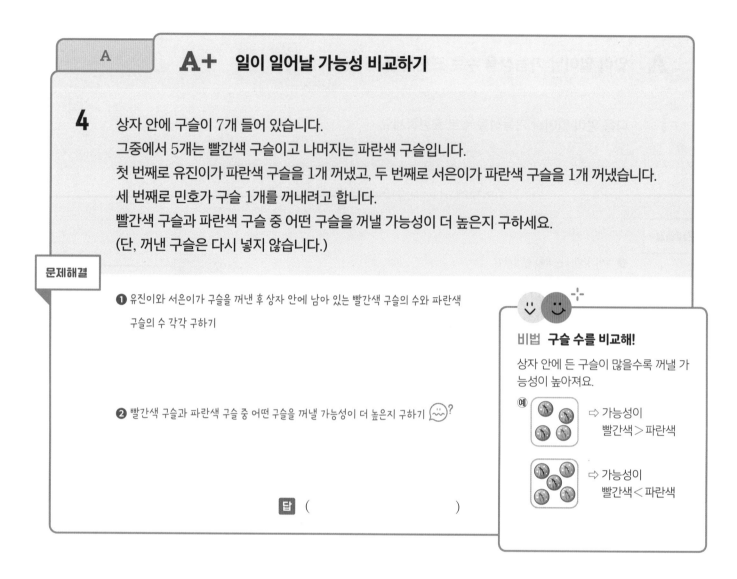

A A+ 일이 일어날 가능성 비교하기

4 상자 안에 구슬이 7개 들어 있습니다.
그중에서 5개는 빨간색 구슬이고 나머지는 파란색 구슬입니다.
첫 번째로 유진이가 파란색 구슬을 1개 꺼냈고, 두 번째로 서은이가 파란색 구슬을 1개 꺼냈습니다.
세 번째로 민호가 구슬 1개를 꺼내려고 합니다.
빨간색 구슬과 파란색 구슬 중 어떤 구슬을 꺼낼 가능성이 더 높은지 구하세요.
(단, 꺼낸 구슬은 다시 넣지 않습니다.)

문제해결

❶ 유진이와 서은이가 구슬을 꺼낸 후 상자 안에 남아 있는 빨간색 구슬의 수와 파란색 구슬의 수 각각 구하기

❷ 빨간색 구슬과 파란색 구슬 중 어떤 구슬을 꺼낼 가능성이 더 높은지 구하기

비법 구슬 수를 비교해!

상자 안에 든 구슬이 많을수록 꺼낼 가능성이 높아져요.

예 ⇨ 가능성이 빨간색 > 파란색

⇨ 가능성이 빨간색 < 파란색

답 (   )

5 주머니 안에 젤리가 5개 들어 있습니다. 망고 맛 젤리가 2개, 포도 맛 젤리가 1개, 나머지는 딸기 맛 젤리입니다. 선주는 첫 번째로 포도 맛 젤리를 1개 꺼냈고, 두 번째로 딸기 맛 젤리를 1개 꺼냈습니다. 선주가 세 번째로 젤리를 꺼내려고 할 때 망고 맛, 포도 맛, 딸기 맛 젤리 중 꺼낼 가능성이 가장 낮은 젤리를 구하세요. (단, 꺼낸 젤리는 다시 넣지 않습니다.)

(   )

6 상자 안에 공이 10개 들어 있습니다. 파란색 공은 3개, 빨간색 공은 파란색 공보다 1개 적고 나머지는 노란색 공입니다. 첫 번째로 빨간색 공을 1개 꺼냈고, 두 번째로 노란색 공을 1개 꺼냈습니다. 세 번째로 공을 1개 꺼내려고 할 때 파란색 공, 빨간색 공, 노란색 공 중 꺼낼 가능성이 낮은 공부터 차례대로 써 보세요. (단, 꺼낸 공은 다시 넣지 않습니다.)

(   )

01

🔗 유형 01 Ⓐ

수빈이와 진호의 오래 매달리기 기록을 나타낸 것입니다. 오래 매달리기 기록의 평균이 더 좋은 사람은 누구인지 구하세요.

수빈	13.5초	19.8초	20.7초	

진호	14.6초	18.4초	19.1초	15.9초

(   )

02

🔗 유형 01 Ⓑ

740개의 장난감을 만드는 데 ㉮ 기계만 작동시키면 5시간이 걸리고 ㉯ 기계만 작동시키면 4시간이 걸립니다. 한 시간당 장난감 생산량의 평균은 어떤 기계가 몇 개 더 많은지 구하세요.

(,   )

03

🔗 유형 03 Ⓐ

예진이의 이번 달 평가 점수를 나타낸 표입니다. 네 과목의 평균 점수가 90점일 때, 수학 점수는 몇 점인지 구하세요.

평가 점수

과목	국어	수학	사회	과학
점수(점)	87		86	91

(   )

04 정윤이와 민재의 제기차기 기록을 나타낸 표입니다. 두 사람의 제기차기 기록의 평균이 같을 때 민재는 3회에 제기차기를 몇 번 했는지 구하세요.

정윤이의 제기차기 기록

회	1회	2회	3회	4회
기록(번)	14	19	26	21

민재의 제기차기 기록

회	1회	2회	3회	4회	5회
기록(번)	19	16		24	21

( )

05

유형 02 Ⓐ

진석이네 반 학생은 모두 20명이고 그중에서 남학생은 12명입니다. 진석이네 반 전체 학생의 하루 평균 독서 시간은 50분이고, 남학생의 하루 평균 독서 시간은 40분일 때, 여학생의 하루 평균 독서 시간은 몇 분인지 구하세요.

( )

06

유형 02 Ⓑ

어느 가게에서 파는 채소 100 g의 가격을 나타낸 표입니다. 파의 가격만 올라서 네 가지 채소 100 g의 가격의 평균이 200원 올랐다면 파 100 g의 가격은 얼마로 올랐는지 구하세요.

채소 100 g의 가격

채소	콩나물	상추	파	고추
가격(원)	500	400	600	750

( )

07

유형 04 A+

주머니 안에 바둑돌이 5개 들어 있습니다. 그중에서 2개는 흰색 바둑돌이고 나머지는 검은색 바둑돌입니다. 첫 번째로 규혁이가 검은색 바둑돌 1개를 꺼냈고, 두 번째로 서진이가 검은색 바둑돌을 1개 꺼냈습니다. 세 번째로 유나가 바둑돌 한 개를 꺼내려고 합니다. 흰색 바둑돌과 검은색 바둑돌 중 어떤 바둑돌을 꺼낼 가능성이 더 높은지 구하세요. (단, 꺼낸 바둑돌은 다시 넣지 않습니다.)

(   )

08

유형 03 A+

정민이의 4회까지 수학 점수를 나타낸 표입니다. 1회부터 5회까지 수학 점수의 평균이 87점 이상 되려면 5회에는 적어도 몇 점을 받아야 하는지 구하세요.

수학 점수

회	1회	2회	3회	4회
점수(점)	85	92	88	79

(   )

09

유형 03 A++

주호네 드론 동아리 회원의 나이를 나타낸 표입니다. 회원 한 명이 더 들어온 후 나이의 평균이 한 살 줄어들었다면 새로운 회원의 나이는 몇 살인지 구하세요.

드론 동아리 회원의 나이

이름	주호	소민	선아	효진
나이(살)	19	24	16	21

(   )

기적학습연구소

"혼자서 작은 산을 넘는 아이가 나중에 큰 산도 넘습니다."

본 연구소는 아이들이 스스로 큰 산까지 넘을 수 있는 힘을 키워 주고자 합니다.

아이들의 연령에 맞게 학습의 산을 작게 설계하여 혼자서 넘을 수 있다는 자신감을 심어 주고,

때로는 작은 고난도 경험하게 하여 가슴 벅찬 성취감을 느끼게 합니다.

국어, 수학 분과의 학습 전문가들이 아이들에게 실제로 적용해서 검증하며 차근차근 책을 출간합니다.

- 국어 분과 대표 저작물 : 〈기적의 독서논술〉, 〈기적의 독해력〉 외 다수
- 수학 분과 대표 저작물 : 〈기적의 계산법〉, 〈기적의 계산법 응용UP〉, 〈기적의 중학연산〉 외 다수

....

기적의 문제해결법 6권(초등5-2)

초판 발행 2023년 1월 1일

지은이 기적학습연구소
발행인 이종원
발행처 길벗스쿨
출판사 등록일 2006년 7월 1일
주소 서울시 마포구 월드컵로 10길 56(서교동)
대표 전화 02)332-0931 | **팩스** 02)333-5409
홈페이지 school.gilbut.co.kr | **이메일** gilbut@gilbut.co.kr

기획 김미숙(winnerms@gilbut.co.kr) | **편집진행** 김혜진
제작 이준호, 손일순, 이진혁 | **영업마케팅** 문세연, 박다슬 | **웹마케팅** 박달님, 정유리, 윤승현
영업관리 김명자, 정경화 | **독자지원** 윤정아, 최희창
디자인 퍼플페이퍼 | **삽화** 이탁근
전산편집 글사랑 | **CTP 출력·인쇄** 교보피앤비 | **제본** 경문제책

ISBN 979-11-6406-494-6 64410
(길벗 도서번호 10844)

정가 15,000원

....

독자의 1초를 아껴주는 정성 길벗출판사

길벗스쿨 국어학습서, 수학학습서, 어학학습서, 어린이교양서, 교과서 school.gilbut.co.kr
길벗 IT실용서, IT/일반 수험서, IT전문서, 경제실용서, 취미실용서, 건강실용서, 자녀교육서 www.gilbut.co.kr
더퀘스트 인문교양서, 비즈니스서
길벗이지톡 어학단행본, 어학수험서

기적의 문제 해결법

6 초등 5-2

정답과 풀이

차례

빠른 정답

빠른 정답은 각 문제의 정답만 모아 놓아 채점하기에 유용합니다.

1 수의 범위와 어림하기

유형 01

10쪽
1 ❶ 13 이상 20 미만인 수 ❷ 3개
답 3개
2 5개 3 3개

11쪽
4 ❶ 21, 27, 31, 37 / 27, 31
❷ 27, 28, 29, 30, 31
답 27, 28, 29, 30, 31
5 43, 44, 45, 46 6 24장, 25장, 26장

12쪽
7 ❶

❷

❸ 6세 초과 65세 미만
답 6세 초과 65세 미만
8 110 cm 이상 150 cm 이하
9 20세 이상 60세 미만

13쪽
10 ❶ 57, 58, 59, 60, 61, 62, 63 ❷ 64
답 64
11 26 12 51

유형 02

14쪽
1 ❶ 2.41 ❷ 2.5 ❸ ㉡ 답 ㉡
2 ㉡ 3 ㉠, ㉢, ㉡

15쪽
4 ❶ 45300 ❷ 45000 ❸ 300 답 300
5 10 6 ㉠

16쪽
7 ❶ 410권 ❷ 500권 ❸ 주영 답 주영
8 소민 9 민아

유형 03

17쪽
1 ❶ 버림, 십 ❷ 310개 답 310개
2 1200자루 3 15장

18쪽
4 ❶ (예) 버림하여 십의 자리까지 나타내야 합니다.
❷ 420 kg ❸ 1260000원
답 1260000원
5 750000원 6 480000원

19쪽
7 ❶ (예) 올림하여 십의 자리까지 나타내야 합니다.
❷ 310명 ❸ 31대 답 31대
8 10묶음 9 15 m

20쪽
10 ❶ (예) 올림하여 십의 자리까지 나타내야 합니다.
❷ 520자루 ❸ 208000원
답 208000원
11 7500원 12 24000원

유형 04

21쪽
1 ❶ $14 \times 12 + 1$, 169 / 14×13, 182
❷ 168명 초과 182명 이하
답 168명 초과 182명 이하
2 140명 초과 161명 미만
3 67개 이상 72개 이하

22쪽
4 ❶ 270점 ❷ 90점 이상 답 90점 이상
5 87점 이상 6 1.2 kg 초과 5.2 kg 이하

유형 05

23쪽
1 ❶ 0, 9 ❷ 2000 이상 2999 이하인 수
답 2000 이상 2999 이하인 수
2 5399 초과 5500 미만인 수
3 32000 이상 33000 미만인 수

24쪽
4 ❶ 1201, 1202 …… 1299 ❷ 1300
❸ 1201 이상 1300 이하인 수
답 1201 이상 1300 이하인 수
5 44000 초과 45001 미만인 수
6 2306

25쪽
7 ❶ 2650, 2651 …… 2699
❷ 2700, 2701 …… 2749
❸ 2650 이상 2750 미만인 수
답 2650 이상 2750 미만인 수
8 795 이상 805 미만인 수
9 1149자루

26쪽
10 ❶ 7225 이상 7234 이하인 수
❷ 7231 이상 7240 이하인 수
❸ 7225, 7231, 7234, 7240 / 7234
답 7234
11 341 12 2000권

유형 06

27쪽
1 ❶ 7, 8, 9 ❷ 4, 5 ❸ 6개 답 6개
2 4개 3 1.2

28쪽
4 ❶ 1, 2, 3 ❷ 12개 답 12개
5 7개 6 5개

29쪽
7 ❶ 2500, 2501 …… 3499
❷ 2539, 2593, 2935, 2953, 3259, 3295
답 2539, 2593, 2935, 2953, 3259, 3295
8 467, 468, 471 9 2개

2 분수의 곱셈

3 합동과 대칭

4 소수의 곱셈

5 직육면체

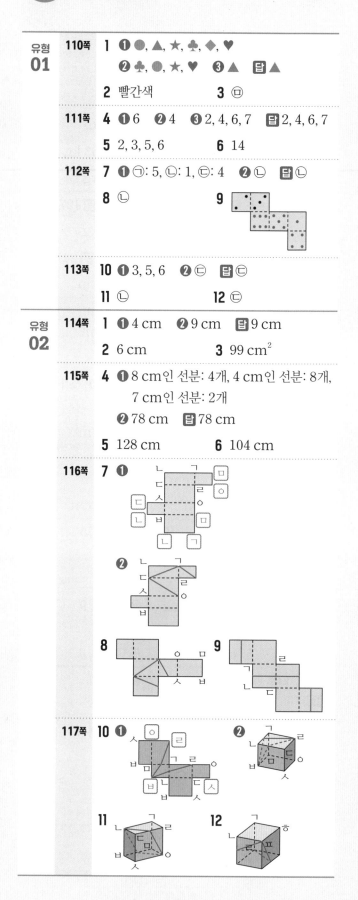

유형 03

118쪽

1 ❶ 4개씩　❷ 4　冝 4

2 5　　　　3 11

119쪽

4 ❶ 10 cm인 부분: 2군데,
12 cm인 부분: 2군데,
8 cm인 부분: 4군데
❷ 76 cm　冝 76 cm

5 132 cm　　6 140 cm

120쪽

7 ❶ (왼쪽에서부터) 4, 7, 12
❷ (위에서부터) 4, 12

8 (왼쪽에서부터) 8, 10

9 16 cm

유형 04

121쪽

1 ❶ 　❷ 6개　冝 6개

2 24개　　3 22개

122쪽

4 ❶ 　❷ 12개　冝 12개

5 24개　　6 8개

유형 마스터

123쪽

01 면 가, 면 라

02 　(또는)

03 30

124쪽

04 5 cm　　05 139 cm　　06 63 cm²

125쪽

07 8개　　08

09 6

유형 01

128쪽

1 ❶ 151 cm　❷ 지윤, 민주　冝 지윤, 민주

2 3월, 4월, 6월　3 선주

129쪽

4 ❶ 244쪽　❷ 305쪽　❸ 도현, 61쪽
冝 도현, 61쪽

5 ㉮ 공장, 64상자　6 ㉯ 동네, 5 m²

유형 02

130쪽

1 ❶ 남학생 20명의 키의 합: 2940 cm,
여학생 15명의 키의 합: 2100 cm
❷ 전체 학생 수: 35명,
전체 학생의 키의 합: 5040 cm
❸ 144 cm
冝 144 cm

2 86점　　3 43 kg

131쪽

4 ❶ 20, 20, 5　❷ 86점　冝 86점

5 52명　　6 6개

유형 03

132쪽

1 ❶ 575번　❷ 110번　冝 110번

2 41.1 kg　　3 24권

133쪽

4 ❶ 110 m 이상　❷ 29 m　冝 29 m

5 6600원　　6 93점 초과

134쪽

7 ❶ 15살　❷ 10살　冝 10살

8 19살　　9 95점

유형 04

135쪽

1 ❶ 있습니다에 ○표　❷ 0　冝 0

2 $\frac{1}{2}$　　3 ㉢, ㉡, ㉠

136쪽

4 ❶ 빨간색 구슬의 수: 5개,
파란색 구슬의 수: 0개
❷ 빨간색 구슬
冝 빨간색 구슬

5 포도 맛 젤리

6 빨간색 공, 파란색 공, 노란색 공

유형 마스터

137쪽

01 수빈　　02 ㉯ 기계, 37개

03 96점

138쪽

04 20번　　05 65분　　06 1400원

139쪽

07 흰색 바둑돌　　08 91점

09 15살

1 수의 범위와 어림하기

1 ❶ 13 이상 20 미만인 수입니다.
  ❷ 13 이상 20 미만인 자연수는 13과 같거나 크고 20보다 작은 수이므로 13, 14 …… 19입니다.
  이 중에서 짝수는 14, 16, 18로 모두 3개입니다.

2 수직선에 나타낸 수의 범위는 31 초과 41 이하인 수입니다.
31보다 크고 41과 같거나 작은 자연수는 32, 33 …… 41입니다.
이 중에서 홀수는 33, 35, 37, 39, 41로 모두 5개입니다.

3 수직선에 나타낸 수의 범위는 17 초과 27 미만인 수입니다.
17보다 크고 27보다 작은 자연수는 18, 19 …… 26입니다.
이 중에서 3으로 나누어떨어지는 수는 3의 배수로 18, 21, 24로 모두 3개입니다.

4 ❷ 공통 범위는 27 이상 31 이하인 수입니다.
  따라서 두 수의 범위에 공통으로 속하는 자연수를 모두 구하면 27, 28, 29, 30, 31입니다.

5 하나의 수직선에 나타냈을 때 겹치는 부분을 찾습니다.

공통 범위는 43 이상 47 미만인 수입니다.
따라서 두 수의 범위에 공통으로 속하는 자연수를 모두 구하면 43, 44, 45, 46입니다.

6 하나의 수직선에 나타냈을 때 겹치는 부분을 찾습니다.

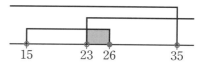

공통 범위는 23 초과 26 이하인 수입니다.
따라서 붙임 딱지 수는 24장, 25장, 26장이 될 수 있습니다.

8 놀이기구를 탈 수 없는 키의 범위는 110 cm 미만이거나 150 cm 초과입니다.

따라서 놀이기구를 탈 수 있는 키의 범위를 수직선에 나타내면 다음과 같으므로 110 cm 이상 150 cm 이하입니다.

9 입장료를 받지 않는 나이의 범위는 20세 미만이거나 60세 이상입니다.

따라서 입장료를 내야 하는 나이의 범위를 수직선에 나타내면 다음과 같으므로 20세 이상 60세 미만입니다.

10 ❶ 57 이상인 자연수를 작은 수부터 차례로 7개 써 보면 57, 58, 59, 60, 61, 62, 63입니다.
  ❷ 주어진 수의 범위에 포함되는 자연수 중 가장 큰 수는 63이고, ㉠ 미만에는 ㉠이 포함되지 않으므로 ㉠은 64입니다.

11 주어진 수의 범위는 ㉠과 같거나 크고 33과 같거나 작습니다.
33과 같거나 작은 자연수를 큰 수부터 차례로 8개 써 보면 33, 32, 31, 30, 29, 28, 27, 26입니다.
주어진 수의 범위에 포함되는 자연수 중 가장 작은 수는 26이고, ㉠ 이상에는 ㉠이 포함되므로 ㉠은 26입니다.

12 ㉠ 초과 76 이하인 자연수의 개수가 25개이므로
(㉠＋1)부터 76까지의 자연수의 개수가 25개입니다.
76 이하인 자연수를 큰 수부터 차례로 25개 써 보면 76,
75 …… 52입니다. 주어진 수의 범위에 포함되는 자연수
중 가장 작은 수는 52이고 ㉠ 초과에는 ㉠이 포함되지 않
으므로 ㉠은 51입니다.

> **다른 풀이**
> ■, ▲가 자연수일 때 ■ 초과 ▲ 이하인 자연수의 개수는
> (▲－■)개입니다.
> ⇨ 76－㉠＝25, ㉠＝76－25＝51
> 따라서 ㉠은 51입니다.

유형 02 어림하여 나타내기

14쪽	1 ❶ 2.41 ❷ 2.5 ❸ ㉡ 답 ㉡	
	2 ㉡	3 ㉠, ㉢, ㉡
15쪽	4 ❶ 45300 ❷ 45000 ❸ 300 답 300	
	5 10	6 ㉠
16쪽	7 ❶ 410권 ❷ 500권 ❸ 주영 답 주영	
	8 소민	9 민아

1 ❶ 2.408을 반올림하여 소수 둘째 자리까지 나타내면
2.408 ⇨ 2.41입니다.
└→ 올립니다.
❷ 2.408을 올림하여 소수 첫째 자리까지 나타내면
2.408 ⇨ 2.5입니다.
└→ 0.1로 올립니다.
❸ 2.41＜2.5이므로 더 큰 수는 ㉡ 2.5입니다.

2 ㉠ 7.095를 버림하여 소수 둘째 자리까지 나타내면
7.095 ⇨ 7.09입니다.
└→ 버립니다.
㉡ 7.095를 반올림하여 일의 자리까지 나타내면
7.095 ⇨ 7입니다.
└→ 버립니다.
따라서 7＜7.09이므로 어림한 수가 더 작은 것은 ㉡ 7입
니다.

3 ㉠ 316.7을 올림하여 백의 자리까지 나타내면
31<u>6</u>.7 ⇨ 400입니다.
㉡ 316.7을 버림하여 일의 자리까지 나타내면
316.<u>7</u> ⇨ 316입니다.
㉢ 316.7을 반올림하여 십의 자리까지 나타내면
316.<u>7</u> ⇨ 320입니다.
따라서 400＞320＞316이므로 어림한 수가 큰 것부터
차례대로 기호를 쓰면 ㉠, ㉢, ㉡입니다.

4 ❶ 45346을 반올림하여 백의 자리까지 나타내면
45<u>3</u>46 ⇨ 45300입니다.
└→ 버립니다.
❷ 45346을 버림하여 천의 자리까지 나타내면
45<u>3</u>46 ⇨ 45000입니다.
└→ 버립니다.
❸ 어림한 두 수의 차는 45300－45000＝300입니다.

5 · 5783을 올림하여 십의 자리까지 나타내면
57<u>8</u>3 ⇨ 5790입니다.
└→ 올립니다.
· 5783을 반올림하여 십의 자리까지 나타내면
57<u>8</u>3 ⇨ 5780입니다.
└→ 버립니다.
따라서 어림한 두 수의 차는 5790－5780＝10입니다.

6

수	21041	94000
올림하여 천의 자리까지	22000	94000
버림하여 천의 자리까지	21000	94000
어림한 두 수의 차	1000	0

⇨ 어림한 두 수의 차가 더 큰 수는 ㉠ 21041입니다.

7 ❶ 408을 반올림하여 십의 자리까지 나타내면
408 ⇨ 410이므로 필요한 공책 수를 410권으로 어
림하였습니다.
❷ 408을 올림하여 백의 자리까지 나타내면
<u>4</u>08 ⇨ 500이므로 필요한 공책 수를 500권으로 어
림하였습니다.
❸ 학생 수와 어림한 공책 수의 차를 구하면
주영: 410－408＝2, 민재: 500－408＝92
2＜92이므로 필요한 공책의 수를 학생 수에 더 가
깝게 어림한 사람은 주영입니다.

8 ・소민: 137을 반올림하여 십의 자리까지 나타내면
137 ⇨ 140이므로 필요한 의자 수를 140개로 어
림하였습니다.
・정윤: 137을 올림하여 백의 자리까지 나타내면
137 ⇨ 200이므로 필요한 의자 수를 200개로 어
림하였습니다.
학생 수와 어림한 의자 수의 차를 구하면
소민: 140−137＝3, 정윤: 200−137＝63
3<63이므로 의자 수를 학생 수에 더 가깝게 어림한 사
람은 소민입니다.

9 ・예준: 1467을 반올림하여 천의 자리까지 나타내면
1000이므로 어림한 물병의 수와 학생 수의 차는
1467−1000＝467입니다.
・연재: 1467을 반올림하여 백의 자리까지 나타내면
1500이므로 어림한 물병의 수와 학생 수의 차는
1500−1467＝33입니다.
・민아: 1467을 반올림하여 십의 자리까지 나타내면
1470이므로 어림한 물병의 수와 학생 수의 차는
1470−1467＝3입니다.
따라서 물병의 수를 학생 수에 가장 가깝게 어림한 사람
은 민아입니다.

유형 **03** 어림의 활용

17쪽	**1** ❶ 버림, 십 ❷ 310개 ❸ 310개		
	2 1200자루		**3** 15장
18쪽	**4** ❶ ⑩ 버림하여 십의 자리까지 나타내야 합니다.		
	❷ 420 kg ❸ 1260000원 ❸ 1260000원		
	5 750000원		**6** 480000원
19쪽	**7** ❶ ⑩ 올림하여 십의 자리까지 나타내야 합니다.		
	❷ 310명 ❸ 31대 ❸ 31대		
	8 10묶음		**9** 15 m
20쪽	**10** ❶ ⑩ 올림하여 십의 자리까지 나타내야 합니다.		
	❷ 520자루 ❸ 208000원 ❸ 208000원		
	11 7500원		**12** 24000원

1 ❶ 한 상자에 10개씩 담고 남는 야구공은 포장할 수 없
으므로 버림하여 십의 자리까지 나타내야 합니다.
❷ 314개를 버림하여 십의 자리까지 나타내면
314 ⇨ 310이므로 상자에 담아서 포장할 수 있는 야
구공은 최대 310개입니다.

---

2 한 상자에 100자루씩 담고 남는 연필은 상자에 담아서 팔
수 없으므로 버림하여 백의 자리까지 나타내야 합니다.
1279자루를 버림하여 백의 자리까지 나타내면
1279 ⇨ 1200이므로 상자에 담아서 팔 수 있는 연필은
최대 1200자루입니다.

3 500원짜리 동전 20개는 500×20＝10000(원),
100원짜리 동전 50개는 100×50＝5000(원),
10원짜리 동전 74개는 10×74＝740(원)이므로
돈은 모두 10000＋5000＋740＝15740(원)입니다.
1000원 미만의 돈은 지폐로 바꿀 수 없으므로 버림하여
천의 자리까지 나타내야 합니다.
15740원을 버림하여 천의 자리까지 나타내면
15740 ⇨ 15000이므로 15000원까지 바꿀 수 있습니다.
1000원짜리 지폐로 최대 15장까지 바꿀 수 있습니다.

4 ❶ 한 상자에 10 kg씩 담고 남는 고구마는 팔 수 없으
므로 버림하여 십의 자리까지 나타내야 합니다.
❷ 427 kg을 버림하여 십의 자리까지 나타내면
427 ⇨ 420이므로 420 kg입니다.
❸ 최대로 팔 수 있는 고구마의 상자 수는
420÷10＝42(상자)이므로 받을 수 있는 돈은 최대
30000×42＝1260000(원)입니다.

5 한 상자에 100개씩 담고 남는 마늘은 팔 수 없으므로 버
림하여 백의 자리까지 나타내야 합니다.
3045개를 버림하여 백의 자리까지 나타내면
3045 ⇨ 3000이므로 3000개까지 팔 수 있습니다.
최대로 팔 수 있는 마늘의 상자 수는
3000÷100＝30(상자)입니다.
따라서 마늘을 팔아서 받을 수 있는 돈은 최대
25000×30＝750000(원)입니다.

6 파프리카는 모두 256＋349＝605(개)입니다.
한 봉지에 10개씩 담고 남는 파프리카는 팔 수 없으므로
버림하여 십의 자리까지 나타내야 합니다.
605개를 버림하여 십의 자리까지 나타내면
605 ⇨ 600이므로 600개까지 팔 수 있습니다.
최대로 팔 수 있는 파프리카 봉지 수는
600÷10＝60(봉지)입니다.
따라서 파프리카를 팔아서 받을 수 있는 돈은 최대
8000×60＝480000(원)입니다.

7 ❶ 미니 버스에 모든 학생을 태워야 하므로 올림하여 십의 자리까지 나타내야 합니다.

❷ 308명을 올림하여 십의 자리까지 나타내면 308 ⇨ 310이므로 310명입니다.

❸ 미니 버스는 최소 310÷10=31(대) 필요합니다.

8 깃발을 모자라지 않게 사야 하므로 올림하여 백의 자리까지 나타내야 합니다.
926명에게 깃발을 한 개씩 나누어 주려면 깃발은 최소 926개가 필요합니다.
926개를 올림하여 백의 자리까지 나타내면 926 ⇨ 1000이므로 깃발을 1000개 사야 합니다.
따라서 깃발을 최소 1000÷100=10(묶음) 사야 합니다.

9 상자 10개를 포장하려면 147×10=1470 (cm)가 필요합니다. ⇨ 1470 cm=14.7 m
포장용 끈은 1 m 단위로만 팔고 끈을 모자라지 않게 사야 하므로 올림하여 일의 자리까지 나타내야 합니다.
14.7 m를 올림하여 일의 자리까지 나타내면 14.7 ⇨ 15이므로 끈은 최소 15 m를 사야 합니다.

10 ❶ 연필을 모자라지 않게 사야 하므로 올림하여 십의 자리까지 나타내야 합니다.

❷ 513명을 올림하여 십의 자리까지 나타내면 513 ⇨ 520이므로 사야 하는 연필은 최소 520자루입니다.

❸ 연필을 10자루씩 520÷10=52(묶음) 사야 하므로 연필을 사는 데 최소 4000×52=208000(원)이 필요합니다.

11 끈은 437 cm=4.37 m가 필요합니다.
끈을 모자라지 않게 사야 하므로 올림하여 일의 자리까지 나타내야 합니다.
4.37 m를 올림하여 일의 자리까지 나타내면 4.37 ⇨ 5이므로 끈은 최소 5 m를 사야 합니다.
따라서 끈을 사는 데 최소 1500×5=7500(원)이 필요합니다.

12 (필요한 사탕 수)=3×24=72(개)
사탕을 모자라지 않게 사야 하므로 올림하여 십의 자리까지 나타내야 합니다.
72개를 올림하여 십의 자리까지 나타내면 72 ⇨ 80이므로 사탕은 최소 80개 사야 합니다.
한 묶음에 10개씩 묶어 팔므로 80÷10=8(묶음)을 사야 합니다.
따라서 사탕값으로 최소 3000×8=24000(원)이 필요합니다.

유형 **04** 수의 범위 나타내기

21쪽

1 ❶ 14×12+1, 169 / 14×13, 182

❷ 168명 초과 182명 이하

답 168명 초과 182명 이하

2 140명 초과 161명 미만

3 67개 이상 72개 이하

22쪽

4 ❶ 270점 ❷ 90점 이상 답 90점 이상

5 87점 이상

6 1.2 kg 초과 5.2 kg 이하

1 ❷ 학생 수가 가장 적은 경우는 169명이고 가장 많은 경우는 182명이므로 학생 수의 범위는 168명 초과 182명 이하입니다.

2 • 학생 수가 가장 적은 경우: 20명씩 타고 7번 운행하고 8번째에 1명이 타는 경우입니다.
⇨ (학생 수)=20×7+1=141(명)
• 학생 수가 가장 많은 경우: 20명씩 타고 8번 운행하는 경우입니다. ⇨ (학생 수)=20×8=160(명)
학생 수가 가장 적은 경우는 141명이고, 가장 많은 경우는 160명이므로 학생 수의 범위는 140명 초과 161명 미만입니다.

3 망고를 모두 담는 데 필요한 상자는 최소 8+4=12(상자)입니다.
• 담는 망고 수가 가장 적은 경우: 6개씩 11상자에 담고 1개가 남는 경우입니다.
⇨ (망고의 수)=6×11+1=67(개)
• 담는 망고 수가 가장 많은 경우: 6개씩 12상자에 담는 경우입니다. ⇨ (망고의 수)=6×12=72(개)
수확한 망고 수가 가장 적은 경우는 67개이고 가장 많은 경우는 72개이므로 망고 수의 범위는 67개 이상 72개 이하입니다.

4 ❶ ㉮, ㉯, ㉱ 심사 위원에게 받은 점수의 합은 90+89+91=270(점)입니다.

❷ 총점이 360점 이상 375점 미만이 되어야 하므로 ㉰ 심사 위원에게서 360−270=90(점) 이상 받아야 합니다.

5 1회부터 3회까지의 점수의 합이 92+86+85=263(점)입니다.
총점이 350점 이상 380점 미만이 되려면 4회 점수를 350−263=87(점) 이상 받아야 합니다.

6 규빈이는 지금 밴텀급이므로 한 체급을 올리면 페더급이 되어야 합니다.

페더급이 되려면 몸무게를 $41-39.8=1.2\,(\mathrm{kg})$ 초과 $45-39.8=5.2\,(\mathrm{kg})$ 이하로 늘려야 합니다.

1 ❷ 어떤 자연수가 될 수 있는 수 중 가장 작은 수는 2000이고, 가장 큰 수는 2999이므로
어떤 자연수가 될 수 있는 수의 범위는 2000 이상 2999 이하인 수입니다.

2 버림하여 백의 자리까지 나타내면 5400이 되는 자연수는 54□□입니다.

□ 안에는 각각 0부터 9까지의 자연수가 들어갈 수 있으므로 어떤 자연수가 될 수 있는 수 중 가장 작은 수는 5400이고, 가장 큰 수는 5499입니다.

따라서 어떤 자연수가 될 수 있는 수의 범위는 5399 초과 5500 미만인 수입니다.

3 4500을 버림하여 천의 자리까지 나타내면 4000이므로 어떤 수를 버림하여 천의 자리까지 나타낸 수는 36000−4000=32000입니다. 버림하여 천의 자리까지 나타내면 32000이 되는 자연수는 32□□□입니다.

□ 안에 각각 0부터 9까지의 자연수가 들어갈 수 있으므로 어떤 자연수가 될 수 있는 수 중 가장 작은 수는 32000이고 가장 큰 수는 32999입니다.

따라서 어떤 자연수가 될 수 있는 수의 범위는 32000 이상 33000 미만인 수입니다.

4 ❶ 올림하여 백의 자리 수가 1 커지려면 백의 자리 아래 수가 1부터 99까지의 수여야 합니다.
⇨ 1201, 1202 …… 1299

❷ 올림하여 백의 자리 수가 그대로이려면 백의 자리 아래 수가 0이어야 합니다. ⇨ 1300

❸ 어떤 자연수가 될 수 있는 수는 1201, 1202 …… 1300이므로
수의 범위는 1201 이상 1300 이하인 수입니다.

5 · 44□□□인 자연수를 올림하여 천의 자리 수가 1 커지려면 천의 자리 아래 수가 1부터 999까지의 수여야 합니다. ⇨ 44001, 44002 …… 44999

· 45□□□인 자연수를 올림하여 천의 자리 수가 그대로이려면 천의 자리 아래 수가 0이어야 합니다.
⇨ 45000

따라서 어떤 자연수가 될 수 있는 수는 44001, 44002 …… 45000이므로 수의 범위는 44000 초과 45001 미만인 수입니다.

6 · 23□□인 자연수를 올림하여 백의 자리 수가 1 커지려면 백의 자리 아래 수가 1부터 99까지의 수여야 합니다. ⇨ 2301, 2302……2399

· 24□□인 자연수를 올림하여 백의 자리 수가 그대로이려면 백의 자리 아래 수가 0이어야 합니다. ⇨ 2400

2301부터 2400까지의 수 중 2■▲6이 되려면 ■=3이고 ▲=0, 1……9여야 합니다.

따라서 네 자리 수 2■▲6 중 가장 작은 수는 2306입니다.

7 ❶ 반올림하여 십의 자리 수를 올림하려면 십의 자리 숫자가 5, 6, 7, 8, 9이어야 합니다.
⇨ 2650, 2651 …… 2699

❷ 반올림하여 십의 자리 수를 버림하려면 십의 자리 숫자가 0, 1, 2, 3, 4이어야 합니다.
⇨ 2700, 2701 …… 2749

❸ 어떤 자연수가 될 수 있는 수는 2650, 2651 …… 2749이므로 수의 범위는 2650 이상 2750 미만인 수입니다.

8 반올림하여 십의 자리까지 나타내어 800이 되는 수는 백의 자리 숫자가 7인 경우와 8인 경우가 있습니다.
- 백의 자리 숫자가 7인 경우는 십의 자리 숫자가 9일 때이므로 일의 자리 숫자가 5, 6, 7, 8, 9이어야 합니다.
  ⇨ 795, 796, 797, 798, 799
- 백의 자리 숫자가 8인 경우는 십의 자리 숫자가 0일 때이므로 일의 자리 숫자가 0, 1, 2, 3, 4이어야 합니다.
  ⇨ 800, 801, 802, 803, 804

따라서 어떤 자연수가 될 수 있는 수는 795, 796 …… 804이므로 수의 범위는 795 이상 805 미만인 수입니다.

9 반올림하여 백의 자리까지 나타내어 1100이 되는 수는 백의 자리 숫자가 0인 경우와 1인 경우가 있습니다.
- 백의 자리 숫자가 0인 경우는 십의 자리 숫자가 5, 6, 7, 8, 9이어야 합니다. ⇨ 1050, 1051 …… 1099
- 백의 자리 숫자가 1인 경우는 십의 자리 숫자가 0, 1, 2, 3, 4이어야 합니다. ⇨ 1100, 1101, …… 1149

따라서 학생 수가 가장 많은 경우는 1149명이므로 연필을 최소 1149자루 준비해야 합니다.

10 ❶ 반올림하여 십의 자리까지 나타낸 수가 7230이 되는 자연수는 7225 이상 7234 이하인 자연수입니다.
❷ 올림하여 십의 자리까지 나타낸 수가 7240이 되는 자연수는 7231 이상 7240 이하인 자연수입니다.
❸ 조건을 모두 만족하는 수의 범위는 7231 이상 7234 이하인 수이므로 이 중 가장 큰 수는 7234입니다.

11 • 올림하여 십의 자리까지 나타낸 수가 350이 되는 자연수의 범위는 341 이상 350 이하인 수입니다.
• 버림하여 십의 자리까지 나타낸 수가 340이 되는 자연수의 범위는 340 이상 349 이하인 수입니다.

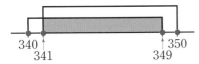

따라서 조건을 모두 만족하는 수의 범위는 341 이상 349 이하인 수이므로 가장 작은 수는 341입니다.

12 • 올림하여 백의 자리까지 나타낸 수가 1000이 되는 자연수의 범위는 901 이상 1000 이하인 수입니다.
• 버림하여 백의 자리까지 나타낸 수가 1000이 되는 자연수의 범위는 1000 이상 1009 이하인 수입니다.

따라서 두 조건을 모두 만족하는 자연수는 1000이므로 공책을 최소 $2 \times 1000 = 2000$(권) 준비해야 합니다.

유형 06 수 만들기		

27쪽	**1** ❶ 7, 8, 9 ❷ 4, 5 ❸ 6개 답 6개	
	2 4개	**3** 1.2
28쪽	**4** ❶ 1, 2, 3 ❷ 12개 답 12개	
	5 7개	**6** 5개
29쪽	**7** ❶ 2500, 2501 …… 3499	
	❷ 2539, 2593, 2935, 2953, 3259, 3295	
	답 2539, 2593, 2935, 2953, 3259, 3295	
	8 467, 468, 471	**9** 2개

1 ❶ 자연수 부분이 될 수 있는 수는 7과 같거나 크고 9와 같거나 작은 수이므로 7, 8, 9입니다.
❷ 소수 첫째 자리 수가 될 수 있는 수는 4와 같거나 크고 5와 같거나 작은 수이므로 4, 5입니다.
❸ 자연수 부분이 7인 경우: 7.4, 7.5
자연수 부분이 8인 경우: 8.4, 8.5
자연수 부분이 9인 경우: 9.4, 9.5
따라서 만들 수 있는 소수 한 자리 수는 모두 6개입니다.

2 자연수 부분이 될 수 있는 수는 5 초과 8 미만인 수이므로 6, 7이고, 소수 첫째 자리 수가 될 수 있는 수는 2 초과 5 미만인 수이므로 3, 4입니다.
따라서 만들 수 있는 소수 한 자리 수는 6.3, 6.4, 7.3, 7.4로 모두 4개입니다.

3 자연수 부분이 될 수 있는 수는 2 이상 4 미만인 수이므로 2, 3이고, 소수 첫째 자리 수가 될 수 있는 수는 6 초과 9 이하인 수이므로 7, 8, 9입니다.
만들 수 있는 소수 한 자리 수는 2.7, 2.8, 2.9, 3.7, 3.8, 3.9입니다.
이 중에서 가장 큰 수는 3.9이고 가장 작은 수는 2.7이므로 두 수의 차는 $3.9 - 2.7 = 1.2$입니다.

4 ❶ 만들 수 있는 수는 130보다 크고 320과 같거나 작으므로 백의 자리 숫자는 1, 2, 3이 될 수 있습니다.
❷ • 백의 자리 숫자가 1인 경우: 132
• 백의 자리 숫자가 2인 경우: 201, 203, 210, 213, 230, 231
• 백의 자리 숫자가 3인 경우: 301, 302, 310, 312, 320
따라서 만들 수 있는 세 자리 수는 모두 12개입니다.

5 • 만들 수 있는 453 초과 519 이하인 수 중 백의 자리 숫자가 4인 경우는 457, 471, 473, 475입니다.
  • 만들 수 있는 453 초과 519 이하인 수 중 백의 자리 숫자가 5인 경우는 513, 514, 517입니다.
  따라서 만들 수 있는 세 자리 수는 모두 7개입니다.

6 • 만들 수 있는 270 이상 630 이하인 수 중 백의 자리 숫자가 2인 경우는 293, 296입니다.
  • 만들 수 있는 270 이상 630 이하인 수 중 백의 자리 숫자가 3인 경우는 326, 329, 362, 369, 392, 396입니다.
  • 만들 수 있는 270 이상 630 이하인 수 중 백의 자리 숫자가 6인 경우는 623, 629입니다.
  이 중에서 2의 배수는 2로 나누어떨어지는 수이므로 일의 자리 숫자가 짝수인 296, 326, 362, 392, 396으로 모두 5개입니다.

7 ❶ 반올림하여 천의 자리까지 나타내어 3000이 되는 네 자리 수는 2500, 2501 ⋯⋯ 3499입니다.
  ❷ • 천의 자리 숫자는 2이고, 백의 자리 숫자가 5인 경우: 2539, 2593
    • 천의 자리 숫자는 2이고, 백의 자리 숫자가 9인 경우: 2935, 2953
    • 천의 자리 숫자는 3이고, 백의 자리 숫자가 2인 경우: 3259, 3295
    따라서 조건에 알맞은 수는 2539, 2593, 2935, 2953, 3259, 3295입니다.

8 반올림하여 십의 자리까지 나타내어 470이 되는 세 자리 수는 465, 466 ⋯⋯ 474입니다.
  • 백의 자리 숫자는 4이고, 십의 자리 숫자가 6인 경우는 467, 468입니다.
  • 백의 자리 숫자는 4이고, 십의 자리 숫자가 7인 경우는 471입니다.
  따라서 조건에 알맞은 수는 467, 468, 471입니다.

9 반올림하여 백의 자리까지 나타낼 때 9700이 되는 수는 9650, 9651 ⋯⋯ 9749이므로 9749보다 큰 수를 만들면 반올림하여 백의 자리까지 나타낸 수가 9700보다 큽니다.
  따라서 조건에 알맞은 수는 9752, 9753으로 모두 2개입니다.

단원 **1** 유형 마스터		
30쪽 **01** 36	**02** 86000원	**03** 300
31쪽 **04** 24개	**05** 169명 이상 180명 이하	
06 87점 이상		
32쪽 **07** 42묶음	**08** 936000원	**09** 13장
33쪽 **10** 1995 이상 2005 미만인 수		
11 10개	**12** 518자루	

01 주어진 수의 범위는 ㉠과 같거나 크고 42와 같거나 작습니다.
  42와 같거나 작은 자연수를 큰 수부터 차례로 7개 써 보면 42, 41, 40, 39, 38, 37, 36입니다.
  주어진 수의 범위에 포함되는 자연수 중 가장 작은 수는 36이고, ㉠ 이상에는 ㉠이 포함되므로 ㉠은 36입니다.

> **다른 풀이**
> ㉠ 이상 42 이하인 자연수의 개수는 (42−㉠+1)개입니다.
> 따라서 42−㉠+1=7, 43−㉠=7, ㉠=43−7=36

02 수진이네 반 5학년 학생은 어린이이므로 입장료는 6000원씩입니다.
  선생님은 어른이므로 입장료는 14000원씩입니다.
  놀이공원에 간 사람은 모두 24+2=26(명)이므로 단체 입장료를 적용할 수 있습니다.
  ⇨ (26명의 입장료)=(6000×24+14000×2)÷2
    =(144000+28000)÷2
    =172000÷2=86000(원)

03 • 29367을 반올림하여 천의 자리까지 나타내면 29367 ⇨ 29000입니다.
  • 29367을 버림하여 백의 자리까지 나타내면 29367 ⇨ 29300입니다.
  따라서 어림한 두 수의 차는 29300−29000=300입니다.

04 1 kg=1000 g ⇨ 2.45 kg=2450 g
  100 g씩 필요하므로 버림하여 백의 자리까지 나타내야 합니다.
  2450 g을 버림하여 백의 자리까지 나타내면
  2450 ⇨ 2400이므로 2400 g으로 만들 수 있는 빵은 최대 2400÷100=24(개)입니다.

05 • 학생 수가 가장 적은 경우는 12명씩 타고 14번 운행하고 15번째에 1명만 탈 때이므로
    (학생 수)=12×14+1=169(명)입니다.
  • 학생 수가 가장 많은 경우는 12명씩 타고 15번 운행할 때이므로 (학생 수)=12×15=180(명)입니다.

따라서 연우네 학교 5학년 학생 수의 범위는 169명 이상 180명 이하입니다.

06 (국어, 영어, 과학 점수의 합)=85+87+91
$$=263(점)$$
총점이 350점 이상 380점 미만이 되려면 수학 점수를 350−263=87(점) 이상 받아야 합니다.

07 부채를 모자라지 않게 사야 하므로 올림을 이용합니다.
624÷15=41 … 9
필요한 부채를 15개씩 41묶음을 사면 9개가 모자라므로 적어도 41+1=42(묶음)을 사야 합니다.

08 상자에 10 kg씩 담은 당근만 팔 수 있으므로 버림하여 십의 자리까지 나타냅니다.
725 kg을 버림하여 십의 자리까지 나타내면
725 ⇨ 720이므로 720 kg까지 팔 수 있습니다.
팔 수 있는 당근의 최대 상자 수는
720÷10=72(상자)입니다.
따라서 당근을 팔아서 받을 수 있는 돈은 최대
13000×72=936000(원)입니다.

09 • 정인: 14600을 올림하여 천의 자리까지 나타내면 15000이므로 1000원짜리 지폐를 15장 냈습니다.
• 유주: 14600을 올림하여 만의 자리까지 나타내면 20000이므로 10000원짜리 지폐를 2장 냈습니다.
따라서 두 사람이 낸 지폐 수의 차는 15−2=13(장)입니다.

10 • 일의 자리에서 올림하여 2000이 되는 경우:
1995, 1996 …… 1999
• 일의 자리에서 버림하여 2000이 되는 경우:
2000, 2001 …… 2004
따라서 어떤 자연수가 될 수 있는 수는 1995, 1996 …… 2004이므로 수의 범위는 1995 이상 2005 미만인 수입니다.

11 • 만들 수 있는 365 초과 629 이하인 수 중 백의 자리 숫자가 3인 경우는 368, 381, 382, 386입니다.
• 만들 수 있는 365 초과 629 이하인 수 중 백의 자리 숫자가 6인 경우는 612, 613, 618, 621, 623, 628입니다.
따라서 만들 수 있는 세 자리 수는 모두 10개입니다.

12 남학생 수의 범위는 131명 이상 140명 이하이고, 여학생 수의 범위는 110명 이상 119명 이하입니다.
볼펜이 부족하지 않으려면 학생 수가 가장 많은 경우에 필요한 볼펜의 수를 구해야 합니다.
따라서 학생 수가 가장 많은 경우는 남학생 140명, 여학생이 119명일 때이므로 볼펜을 최소
(140+119)×2=259×2=518(자루) 준비해야 합니다.

2 분수의 곱셈

유형 01 분수의 곱셈의 크기 비교

36쪽 **1** ❶ $5\frac{3}{5}$

❷ $5\frac{24}{40}, 5\frac{■×5}{40}$

❸ 5, 6, 7

답 5, 6, 7

2 4, 5　　　　　**3** 1, 2, 3, 4, 5

37쪽 **4** ❶ 5

❷ 20<5×■<42

❸ 5, 6, 7, 8

답 5, 6, 7, 8

5 4, 5, 6, 7　　　　　**6** 5, 6, 7

1 ❶ $2\frac{2}{5}×2\frac{1}{3}=\frac{\overset{4}{\cancel{12}}}{5}×\frac{7}{\underset{1}{\cancel{3}}}$

$$=\frac{28}{5}=5\frac{3}{5}$$

❷ $5\frac{3}{5}=5\frac{3×8}{5×8}=5\frac{24}{40}, 5\frac{■}{8}=5\frac{■×5}{8×5}=5\frac{■×5}{40}$

❸ $5\frac{24}{40}<5\frac{■×5}{40}$에서 분자끼리 비교하면
24<■×5입니다.
대분수에서 분수 부분은 진분수이므로 ■×5<40 이어야 합니다.
⇨ 24<■×5<40에서 ■×5가 될 수 있는 자연수는 25, 30, 35이므로 ■에 들어갈 수 있는 자연수는 5, 6, 7입니다.

2 $1\frac{5}{8}×2\frac{2}{9}=\frac{13}{\underset{2}{\cancel{8}}}×\frac{\overset{5}{\cancel{20}}}{9}=\frac{65}{18}=3\frac{11}{18}$이므로

$3\frac{11}{18}<3\frac{\square}{6}$

$3\frac{\square}{6}=3\frac{\square×3}{6×3}=3\frac{\square×3}{18}$ ⇨ $3\frac{11}{18}<3\frac{\square×3}{18}$에서
분자끼리 비교하면 11<□×3입니다.
대분수에서 $\frac{\square×3}{18}$은 진분수이므로 □×3<18이어야 합니다.
⇨ 11<□×3<18에서 □×3이 될 수 있는 자연수는 12, 15이므로 □ 안에 들어갈 수 있는 자연수는 4, 5입니다.

3 $2\frac{1}{4} \times 2\frac{1}{3} = \frac{\overset{3}{\cancel{9}}}{4} \times \frac{7}{\cancel{3}} = \frac{21}{4} = 5\frac{1}{4}$ 이므로 $\square\frac{1}{5} < 5\frac{1}{4}$

$\square\frac{1}{5} = \square\frac{1\times4}{5\times4} = \square\frac{4}{20}$, $5\frac{1}{4} = 5\frac{1\times5}{4\times5} = 5\frac{5}{20}$

$\square\frac{4}{20} < 5\frac{5}{20}$에서 $\square$는 5보다 작아야 하고 분자끼리 비

교하면 $4<5$이므로 $\square=5$이면 $5\frac{4}{20} < 5\frac{5}{20}$입니다.

➡ $\square$ 안에 들어갈 수 있는 자연수는 1, 2, 3, 4, 5입니다.

4 ❷ 단위분수는 분모가 클수록 작은 수이므로
$20 < 5 \times \blacksquare < 42$입니다.

❸ $5 \times \blacksquare$가 될 수 있는 자연수는 $5\times\underline{5}=25, 5\times\underline{6}=30,$
$5\times\underline{7}=35, 5\times\underline{8}=40$이므로 $\blacksquare$에 들어갈 수 있는
자연수는 5, 6, 7, 8입니다.

5 $\frac{1}{7} \times \frac{1}{\square} = \frac{1}{7\times\square}$이므로 $\frac{1}{50} < \frac{1}{7\times\square} < \frac{1}{25}$입니다.
단위분수는 분모가 클수록 작은 수이므로
$25 < 7\times\square < 50$입니다.
$7\times\square$가 될 수 있는 자연수는 $7\times\underline{4}=28, 7\times\underline{5}=35,$
$7\times\underline{6}=42, 7\times\underline{7}=49$이므로 $\square$ 안에 들어갈 수 있는
자연수는 4, 5, 6, 7입니다.

6 $\frac{1}{5} - \frac{1}{6} = \frac{6}{30} - \frac{5}{30} = \frac{1}{30}$, $\frac{1}{6} - \frac{1}{9} = \frac{3}{18} - \frac{2}{18} = \frac{1}{18}$,
$\frac{1}{\square} \times \frac{1}{4} = \frac{1}{\square\times4}$이므로 $\frac{1}{30} < \frac{1}{\square\times4} < \frac{1}{18}$입니다.
단위분수는 분모가 클수록 작은 수이므로
$18 < \square\times4 < 30$입니다.
$\square\times4$가 될 수 있는 자연수는 $\underline{5}\times4=20, \underline{6}\times4=24,$
$\underline{7}\times4=28$이므로 $\square$ 안에 들어갈 수 있는 자연수는 5,
6, 7입니다.

	유형 **02** 계산 결과가 자연수인 곱셈식	
38쪽	**1** ❶ $\frac{2\times\blacksquare}{7}$ ❷ 7의 배수 ❸ 7 답 7	
	2 20	**3** 5
39쪽	**4** ❶ $\frac{14}{\blacksquare}$ ❷ 14의 약수 ❸ 7, 14 답 7, 14	
	5 4, 6, 8, 12, 24	**6** 10, 20
40쪽	**7** ❶ 공배수에 ○표 ❷ 공약수에 ○표	
	❸ $11\frac{1}{4}$ 답 $11\frac{1}{4}$	
	8 $15\frac{3}{4}$	**9** $5\frac{5}{6}$

1 ❶ $\frac{2}{\cancel{4}} \times \frac{1}{\cancel{3}} \times \frac{\blacksquare}{\underset{1}{\cancel{6}}} = \frac{2\times\blacksquare}{7}$

❷ $\frac{2\times\blacksquare}{7}$가 자연수가 되려면 2와 7은 약분이 되지 않
으므로 $\blacksquare$와 7이 약분이 되어 7이 1이 되어야 합니
다. 따라서 $\blacksquare$는 7의 배수가 되어야 합니다.

❸ $\blacksquare$에 들어갈 수 있는 가장 작은 자연수는 7의 배수
중에서 가장 작은 수이므로 7입니다.

2 $1\frac{1}{2} \times \frac{2}{5} \times \frac{\square}{4} = \frac{3}{\cancel{2}} \times \frac{\cancel{2}}{5} \times \frac{\square}{4} = \frac{3\times\square}{20}$

$\frac{3\times\square}{20}$가 자연수가 되려면 $\square$는 20의 배수가 되어야 합
니다.

$\square$ 안에 들어갈 수 있는 가장 작은 자연수는 20의 배수
중에서 가장 작은 수이므로 20입니다.

3 $4 \times 1\frac{\square}{6} \times \frac{3}{11} = \overset{2}{\cancel{4}} \times \frac{6+\square}{\underset{1}{\cancel{6}}} \times \frac{\cancel{3}}{11} = \frac{2\times(6+\square)}{11}$

$\frac{2\times(6+\square)}{11}$가 자연수가 되려면 $6+\square$는 11의 배수가
되어야 합니다. $6+\square$는 11, 22 ……이므로 $\square$는
$11-6=5, 22-6=16$ ……입니다.
따라서 $1\frac{\square}{6}$가 대분수이므로 $\square$는 5입니다.

4 ❶ $\frac{2}{\blacksquare} \times 7 = \frac{14}{\blacksquare}$

❷ $\frac{14}{\blacksquare}$가 자연수가 되려면 14와 $\blacksquare$가 약분이 되어 $\blacksquare$가
1이 되어야 합니다.
따라서 $\blacksquare$는 14의 약수여야 합니다.

❸ $\frac{2}{\blacksquare}$가 진분수이므로 $\blacksquare$에 들어갈 수 있는 자연수는
14의 약수 중 2보다 큰 수인 7, 14입니다.

5 $\frac{3}{\square} \times 8 = \frac{3\times8}{\square}$ ➡ $\frac{24}{\square}$가 자연수가 되어야 하므로
$\square$ 안에 들어갈 수 있는 자연수는 24의 약수인 1, 2, 3, 4,
6, 8, 12, 24입니다.

$\frac{3}{\square}$이 진분수이므로 $\square$ 안에 들어갈 수 있는 자연수는 24
의 약수 중 3보다 큰 수인 4, 6, 8, 12, 24입니다.

6 $1\frac{2}{3} \times 2\frac{2}{5} \times \frac{5}{\square} = \frac{5}{\underset{1}{\cancel{3}}} \times \frac{\overset{4}{\cancel{12}}}{\underset{1}{\cancel{5}}} \times \frac{5}{\square} = \frac{20}{\square}$

$\dfrac{20}{\square}$이 자연수가 되어야 하므로 □ 안에 들어갈 수 있는 자연수는 20의 약수인 1, 2, 4, 5, 10, 20입니다.

$\dfrac{5}{\square}$가 진분수이므로 □ 안에 들어갈 수 있는 자연수는 20의 약수 중 5보다 큰 수인 10, 20입니다.

7 ❶ △는 9의 배수이면서 5의 배수여야 하므로 △는 9와 5의 공배수입니다.

❷ □는 8의 약수이면서 4의 약수여야 하므로 □는 8과 4의 공약수입니다.

❸ $\dfrac{△}{\square}$가 가장 작은 기약분수가 되려면 △는 9와 5의 최소공배수인 45이고, □는 8과 4의 최대공약수인 4이어야 합니다.

따라서 어떤 기약분수 중에서 가장 작은 분수는 $\dfrac{45}{4}=11\dfrac{1}{4}$입니다.

참고

$\dfrac{△}{\square}=\dfrac{45}{4},\ \dfrac{45}{2},\ \dfrac{90}{4},\ \dfrac{90}{2}$ ······에서 $\dfrac{△}{\square}$의 분모가 클수록, 분자가 작을수록 작은 수이므로 가장 작은 기약분수가 되려면 분모는 최대공약수, 분자는 최소공배수여야 합니다.

⇨ $\dfrac{△}{\square}=\dfrac{45}{4}=11\dfrac{1}{4}$

8 어떤 기약분수를 $\dfrac{△}{\square}$라 하면 $\dfrac{△}{\square}\times\dfrac{4}{9}$＝(자연수),

$\dfrac{△}{\square}\times\dfrac{16}{21}$＝(자연수)가 되려면 △는 9와 21의 공배수이고, □는 4와 16의 공약수입니다. $\dfrac{△}{\square}$가 가장 작은 기약분수가 되려면 △는 9와 21의 최소공배수인 63이고, □는 4와 16의 최대공약수인 4이어야 합니다.

따라서 어떤 기약분수 중에서 가장 작은 분수는 $\dfrac{63}{4}=15\dfrac{3}{4}$입니다.

9 어떤 기약분수를 $\dfrac{△}{\square}$라 하면

$\dfrac{△}{\square}\times4\dfrac{4}{5}=\dfrac{△}{\square}\times\dfrac{24}{5}$＝(자연수),

$\dfrac{△}{\square}\times2\dfrac{4}{7}=\dfrac{△}{\square}\times\dfrac{18}{7}$＝(자연수)가 되려면

△는 5와 7의 공배수이고, □는 24와 18의 공약수입니다.

$\dfrac{△}{\square}$가 가장 작은 기약분수가 되려면 △는 5와 7의 최소공배수인 35이고, □는 24와 18의 최대공약수인 6이어야 합니다.

따라서 어떤 기약분수 중에서 가장 작은 분수는 $\dfrac{35}{6}=5\dfrac{5}{6}$입니다.

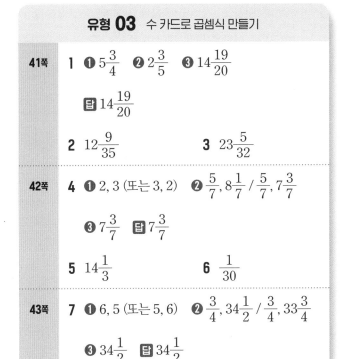

유형 03 수 카드로 곱셈식 만들기

41쪽
1 ❶ $5\dfrac{3}{4}$ ❷ $2\dfrac{3}{5}$ ❸ $14\dfrac{19}{20}$

답 $14\dfrac{19}{20}$

2 $12\dfrac{9}{35}$ **3** $23\dfrac{5}{32}$

42쪽
4 ❶ 2, 3 (또는 3, 2) ❷ $\dfrac{5}{7},8\dfrac{1}{7}$ / $\dfrac{5}{7},7\dfrac{3}{7}$

❸ $7\dfrac{3}{7}$ 답 $7\dfrac{3}{7}$

5 $14\dfrac{1}{3}$ **6** $\dfrac{1}{30}$

43쪽
7 ❶ 6, 5 (또는 5, 6) ❷ $\dfrac{3}{4},34\dfrac{1}{2}$ / $\dfrac{3}{4},33\dfrac{3}{4}$

❸ $34\dfrac{1}{2}$ 답 $34\dfrac{1}{2}$

8 $61\dfrac{1}{3}$ **9** 7

1 ❶ 자연수 부분에 가장 큰 수인 5를 놓고, 나머지 수 카드로 만든 진분수의 크기를 비교하면

$\dfrac{3}{4}\left(=\dfrac{9}{12}\right)>\dfrac{2}{3}\left(=\dfrac{8}{12}\right)>\dfrac{2}{4}\left(=\dfrac{6}{12}\right)$이므로

만들 수 있는 가장 큰 대분수는 $5\dfrac{3}{4}$입니다.

❷ 자연수 부분에 가장 작은 수인 2를 놓고, 나머지 수 카드로 만든 진분수의 크기를 비교하면

$\dfrac{3}{5}\left(=\dfrac{12}{20}\right)<\dfrac{3}{4}\left(=\dfrac{15}{20}\right)<\dfrac{4}{5}\left(=\dfrac{16}{20}\right)$이므로

만들 수 있는 가장 작은 대분수는 $2\dfrac{3}{5}$입니다.

❸ $5\dfrac{3}{4}\times2\dfrac{3}{5}=\dfrac{23}{4}\times\dfrac{13}{5}=\dfrac{299}{20}=14\dfrac{19}{20}$

2 ・가장 큰 대분수: 자연수 부분에 가장 큰 수인 7을 놓고, 나머지 수 카드로 만든 진분수의 크기를 비교하면

$\dfrac{4}{5}\left(=\dfrac{16}{20}\right)>\dfrac{1}{4}\left(=\dfrac{5}{20}\right)>\dfrac{1}{5}\left(=\dfrac{4}{20}\right)$이므로 만들 수 있는 가장 큰 대분수는 $7\dfrac{4}{5}$입니다.

・가장 작은 대분수: 자연수 부분에 가장 작은 수인 1을 놓고, 나머지 수 카드로 만든 진분수의 크기를 비교하면

$\dfrac{4}{7}\left(=\dfrac{20}{35}\right)<\dfrac{5}{7}\left(=\dfrac{25}{35}\right)<\dfrac{4}{5}\left(=\dfrac{28}{35}\right)$이므로 만들 수 있는 가장 작은 대분수는 $1\dfrac{4}{7}$입니다.

⇨ $7\dfrac{4}{5}\times1\dfrac{4}{7}=\dfrac{39}{5}\times\dfrac{11}{7}=\dfrac{429}{35}=12\dfrac{9}{35}$

3 • 가장 큰 대분수: 자연수 부분에 가장 큰 수인 9를 놓고 나머지 수 카드로 만든 진분수 중 $\frac{6}{8}$, $\frac{3}{6}$, $\frac{2}{3}$의 크기를 비교하면 $\frac{6}{8}\left(=\frac{18}{24}\right)>\frac{2}{3}\left(=\frac{16}{24}\right)>\frac{3}{6}\left(=\frac{12}{24}\right)$이므로 만들 수 있는 가장 큰 대분수는 $9\frac{6}{8}$입니다.

• 두 번째로 작은 대분수: 자연수 부분에 가장 작은 수인 2를 놓고 나머지 수 카드로 만든 진분수 중 $\frac{3}{9}$, $\frac{3}{8}$, $\frac{3}{6}$의 크기를 비교하면 $\frac{3}{9}<\frac{3}{8}<\frac{3}{6}$이므로 만들 수 있는 두 번째로 작은 대분수는 $2\frac{3}{8}$입니다.

$\Rightarrow 9\frac{6}{8}\times2\frac{3}{8}=\overset{39}{\frac{78}{8}}\times\frac{19}{\underset{4}{8}}=\frac{741}{32}=23\frac{5}{32}$

4 ❶ 곱이 가장 작으려면 $\bigcirc\frac{\square}{\square}\times\bigcirc$에서 $\bigcirc$, $\bigcirc$에 작은 두 수 2, 3을 놓아야 합니다.

❷ $2\frac{5}{7}\times3=\frac{19}{7}\times3=\frac{57}{7}=8\frac{1}{7}$,

$3\frac{5}{7}\times2=\frac{26}{7}\times2=\frac{52}{7}=7\frac{3}{7}$

❸ $8\frac{1}{7}>7\frac{3}{7}$이므로 가장 작은 곱은 $7\frac{3}{7}$입니다.

5 곱이 가장 작게 되려면 자연수에 가장 작은 수인 3을 놓고 나머지 수 카드 4, 7, 9로 가장 작은 대분수 $4\frac{7}{9}$을 만들면 됩니다.

$\Rightarrow 4\frac{7}{9}\times3=\frac{43}{\underset{3}{9}}\times\overset{1}{3}=\frac{43}{3}=14\frac{1}{3}$

6 $\frac{\bigcirc}{\bigcirc}\times\frac{\bigcirc}{\bigcirc}\times\frac{\square}{\square}=\frac{\bigcirc\times\bigcirc\times\square}{\bigcirc\times\bigcirc\times\square}$이므로 계산 결과가 가장 작으려면 분모끼리의 곱은 가장 크고, 분자끼리의 곱은 가장 작아야 합니다. $1<2<4<5<6<8$이므로 분모끼리의 곱이 가장 클 때 분모가 될 수 있는 수는 8, 6, 5이고 분자끼리의 곱이 가장 작을 때 분자가 될 수 있는 수는 1, 2, 4입니다.

$\Rightarrow \frac{1\times2\times\overset{1}{4}}{\underset{2}{8}\times\underset{3}{6}\times5}=\frac{1}{30}$

7 ❶ 곱이 가장 크려면 $\bigcirc\times\bigcirc\frac{\square}{\square}$에서 $\bigcirc$, $\bigcirc$에 큰 두 수 6, 5를 놓아야 합니다.

❷ $6\times5\frac{3}{4}=\overset{3}{6}\times\frac{23}{\underset{2}{4}}=\frac{69}{2}=34\frac{1}{2}$,

$5\times6\frac{3}{4}=5\times\frac{27}{4}=\frac{135}{4}=33\frac{3}{4}$

❸ $34\frac{1}{2}>33\frac{3}{4}$이므로 가장 큰 곱은 $34\frac{1}{2}$입니다.

8 곱이 가장 크게 되려면 자연수에 가장 큰 수인 8을 놓고 나머지 수 카드 2, 3, 7로 가장 큰 대분수 $7\frac{2}{3}$를 만들면 됩니다.

$\Rightarrow 8\times7\frac{2}{3}=8\times\frac{23}{3}=\frac{184}{3}=61\frac{1}{3}$

9 $\frac{\bigcirc}{\bigcirc}\times\bigcirc\frac{\square}{\square}$이라 하면 대분수의 자연수 부분인 $\bigcirc$에 가장 큰 수를 먼저 놓아야 하고 나머지 수로 만들 수 있는 진분수 중 큰 수를 $\bigcirc$과 곱해지는 $\frac{\bigcirc}{\bigcirc}$에 놓아야 합니다.

$\Rightarrow$ 가장 큰 수: 9,
만들 수 있는 진분수 쌍:
$\left(\frac{2}{6},\frac{3}{4}\right)$, $\left(\frac{3}{6},\frac{2}{4}\right)$, $\left(\frac{4}{6},\frac{2}{3}\right)$

$\frac{3}{4}\times9\frac{2}{6}=\overset{1}{\frac{3}{\underset{1}{4}}}\times\overset{\overset{7}{14}}{\frac{56}{\underset{\underset{1}{2}}{6}}}=7$,

$\frac{3}{6}\times9\frac{2}{4}=\overset{1}{\frac{3}{\underset{2}{6}}}\times\overset{19}{\frac{38}{\underset{2}{4}}}=\frac{19}{4}=4\frac{3}{4}$,

$\frac{4}{6}\times9\frac{2}{3}=\overset{2}{\frac{4}{\underset{3}{6}}}\times\frac{29}{3}=\frac{58}{9}=6\frac{4}{9}$

따라서 계산 결과가 가장 클 때의 곱은 7입니다.

유형 04 전체를 등분한 부분 구하기

44쪽	**1** ❶ $\frac{5}{6}$	❷ $3\frac{1}{8}$ cm²	답 $3\frac{1}{8}$ cm²	
	2 $3\frac{3}{5}$ m²		**3** $1\frac{11}{12}$ cm²	
45쪽	**4** ❶ $\frac{3}{20}$	❷ $\frac{1}{20}$	❸ $\frac{3}{20}$	답 $\frac{3}{20}$
	5 $2\frac{1}{24}$		**6** 4	

1 ❶ 색칠한 부분은 전체를 똑같이 6으로 나눈 것 중의 5이 므로 전체의 $\frac{5}{6}$입니다.

❷ (색칠한 부분의 넓이)

$=$ (직사각형 전체의 넓이)$\times\frac{5}{6}$

$=\left(2\frac{1}{4}\times1\frac{2}{3}\right)\times\frac{5}{6}$

$=\overset{\overset{3}{\cancel{}}}{\frac{9}{4}}\times\frac{5}{\underset{1}{3}}\times\frac{5}{\underset{2}{6}}=\frac{25}{8}=3\frac{1}{8}$ (cm²)

2 색칠한 부분의 넓이는 전체를 똑같이 8로 나눈 것 중의 5이므로 전체의 $\dfrac{5}{8}$입니다.

⇨ (색칠한 부분의 넓이)＝(정사각형 전체의 넓이)$\times\dfrac{5}{8}$

$\quad=\left(2\dfrac{2}{5}\times2\dfrac{2}{5}\right)\times\dfrac{5}{8}$

$\quad=\dfrac{\overset{3}{\cancel{12}}}{5}\times\dfrac{\overset{6}{\cancel{12}}}{\underset{1}{\cancel{5}}}\times\dfrac{\overset{1}{\cancel{5}}}{\underset{\underset{1}{2}}{\cancel{8}}}$

$\quad=\dfrac{18}{5}=3\dfrac{3}{5}\,(\text{m}^2)$

3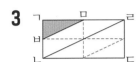

(선분 ㄱㅁ)＝(선분 ㅁㄹ)이고, (선분 ㄱㅂ)＝(선분 ㅂㄴ)이므로 직사각형 ㄱㄴㄷㄹ을 똑같이 8로 나누면 색칠한 부분은 전체의 $\dfrac{1}{8}$입니다.

⇨ (색칠한 부분의 넓이)＝$15\dfrac{1}{3}\times\dfrac{1}{8}=\dfrac{\overset{23}{\cancel{46}}}{3}\times\dfrac{1}{\underset{4}{\cancel{8}}}$

$\quad=\dfrac{23}{12}=1\dfrac{11}{12}\,(\text{cm}^2)$

4 ❶ $\left(\dfrac{1}{10}\text{과}\ \dfrac{1}{4}\ \text{사이의 거리}\right)=\dfrac{1}{4}-\dfrac{1}{10}$

$\quad=\dfrac{5}{20}-\dfrac{2}{20}=\dfrac{3}{20}$

❷ $\dfrac{1}{10}$과 $\dfrac{1}{4}$ 사이의 거리를 3등분 한 것 중의 한 칸이므로 (눈금 한 칸의 크기)＝$\dfrac{\overset{1}{\cancel{3}}}{20}\times\dfrac{1}{\underset{1}{\cancel{3}}}=\dfrac{1}{20}$입니다.

❸ ■는 $\dfrac{1}{10}$에서 오른쪽으로 $\dfrac{1}{20}$만큼 더 간 수이므로

■＝$\dfrac{1}{10}+\dfrac{1}{20}=\dfrac{2}{20}+\dfrac{1}{20}=\dfrac{3}{20}$입니다.

5 $\left(1\dfrac{1}{2}\text{과}\ 3\dfrac{2}{3}\ \text{사이의 거리}\right)=3\dfrac{2}{3}-1\dfrac{1}{2}$

$\quad=3\dfrac{4}{6}-1\dfrac{3}{6}=2\dfrac{1}{6}$

눈금 한 칸의 크기는 $1\dfrac{1}{2}$과 $3\dfrac{2}{3}$ 사이의 거리를 4등분 한 것 중의 한 칸이므로

(눈금 한 칸의 크기)＝$2\dfrac{1}{6}\times\dfrac{1}{4}=\dfrac{13}{6}\times\dfrac{1}{4}=\dfrac{13}{24}$입니다.

⇨ □＝$1\dfrac{1}{2}+\dfrac{13}{24}=1\dfrac{12}{24}+\dfrac{13}{24}=1\dfrac{25}{24}=2\dfrac{1}{24}$

6 $\left(3\dfrac{1}{6}\text{과}\ 5\dfrac{1}{4}\ \text{사이의 거리}\right)=5\dfrac{1}{4}-3\dfrac{1}{6}$

$\quad=5\dfrac{3}{12}-3\dfrac{2}{12}=2\dfrac{1}{12}$

$3\dfrac{1}{6}$과 □ 사이의 거리는 $3\dfrac{1}{6}$과 $5\dfrac{1}{4}$ 사이의 거리를 5등분 한 것 중의 2칸이므로

$2\dfrac{1}{12}\times\dfrac{2}{5}=\dfrac{\overset{5}{\cancel{25}}}{\underset{6}{\cancel{12}}}\times\dfrac{2}{\underset{1}{\cancel{5}}}=\dfrac{5}{6}$입니다.

⇨ □＝$3\dfrac{1}{6}+\dfrac{5}{6}=4$

다른 풀이

$\left(3\dfrac{1}{6}\text{과}\ 5\dfrac{1}{4}\ \text{사이의 거리}\right)=5\dfrac{1}{4}-3\dfrac{1}{6}$

$\quad=5\dfrac{3}{12}-3\dfrac{2}{12}=2\dfrac{1}{12}$

(눈금 한 칸의 크기)＝$2\dfrac{1}{12}\times\dfrac{1}{5}=\dfrac{\overset{5}{\cancel{25}}}{12}\times\dfrac{1}{\underset{1}{\cancel{5}}}=\dfrac{5}{12}$

⇨ □＝$3\dfrac{1}{6}+\dfrac{5}{12}+\dfrac{5}{12}=3\dfrac{2}{12}+\dfrac{5}{12}+\dfrac{5}{12}=3\dfrac{12}{12}=4$

유형 05 부분의 양 구하기

46쪽	**1** ❶ $\dfrac{1}{5}$ ❷ $\dfrac{1}{10}$ 답 $\dfrac{1}{10}$	
	2 $\dfrac{5}{14}$	**3** $\dfrac{4}{5}$
47쪽	**4** ❶ $\dfrac{3}{4}$ ❷ $\dfrac{1}{2}$ 답 $\dfrac{1}{2}$	
	5 $\dfrac{1}{10}$	**6** $\dfrac{1}{6}$
48쪽	**7** ❶ 200쪽 ❷ 80쪽 답 80쪽	
	8 $1\dfrac{1}{2}$ km	**9** 250명
49쪽	**10** ❶ 75 cm² ❷ 50 cm² ❸ 25 cm²	
	답 25 cm²	
	11 3000원	**12** 3시간

1 ❶ 여학생: 전체의 $\frac{3}{5}$

음악을 좋아하는 여학생: 여학생$\left(전체의 \frac{3}{5}\right)$의 $\frac{1}{3}$

이므로 전체의 $\frac{\overset{1}{3}}{5} \times \frac{1}{\underset{1}{3}} = \frac{1}{5}$입니다.

❷ 피아노를 배우는 여학생은 음악을 좋아하는 여학생 $\left(전체의 \frac{1}{5}\right)$의 $\frac{1}{2}$이므로 전체의 $\frac{1}{5} \times \frac{1}{2} = \frac{1}{10}$입니다.

2 운동: 전체의 $\frac{4}{7}$,

구기종목: 운동$\left(전체의 \frac{4}{7}\right)$의 $\frac{3}{4}$

⇨ 전체의 $\frac{\overset{1}{4}}{7} \times \frac{3}{\underset{1}{4}} = \frac{3}{7}$입니다.

구기종목을 좋아하는 남학생:

구기종목$\left(전체의 \frac{3}{7}\right)$의 $\frac{5}{6}$

⇨ 전체의 $\frac{\overset{1}{3}}{7} \times \frac{5}{\underset{2}{6}} = \frac{5}{14}$입니다.

3 꽃밭: 마당의 $\frac{2}{5}$,

꽃을 심은 부분:

꽃밭$\left(마당의 \frac{2}{5}\right)$의 $\frac{7}{8}$

⇨ 전체의 $\frac{\overset{1}{2}}{5} \times \frac{7}{\underset{4}{8}} = \frac{7}{20}$입니다.

장미를 심은 부분:

꽃$\left(전체의 \frac{7}{20}\right)$의 $\frac{4}{7}$

⇨ 전체의 $\frac{\overset{1}{7}}{\underset{5}{20}} \times \frac{\overset{1}{4}}{\underset{1}{7}} = \frac{1}{5}$

⇨ 장미를 심지 않은 부분: $1 - \frac{1}{5} = \frac{4}{5}$

4 ❶ 시집은 전체의 $\frac{1}{4}$이므로 시집을 제외한 나머지 부분은 전체의 $1 - \frac{1}{4} = \frac{3}{4}$입니다.

❷ 역사책은 나머지의 $\frac{2}{3}$이므로 $\frac{3}{4}$의 $\frac{2}{3}$와 같습니다.

따라서 역사책은 전체의 $\frac{\overset{1}{3}}{\underset{2}{4}} \times \frac{2}{\underset{1}{3}} = \frac{1}{2}$입니다.

5 학용품을 사고 남은 돈:

전체의 $1 - \frac{2}{5} = \frac{3}{5}$

음료수를 사는 데 쓴 돈은 남은 돈의 $\frac{1}{6}$이므로 $\frac{3}{5}$의 $\frac{1}{6}$과 같습니다.

따라서 음료수를 사는 데 쓴 돈은 처음 가지고 있던 돈의 $\frac{\overset{1}{3}}{5} \times \frac{1}{\underset{2}{6}} = \frac{1}{10}$입니다.

6 지난달까지 사용하고 남은 밀가루의 양:

전체의 $1 - \frac{7}{12} = \frac{5}{12}$

이번 달에 사용한 밀가루의 양:

전체의 $\frac{\overset{1}{5}}{\underset{4}{12}} \times \frac{3}{\underset{1}{5}} = \frac{1}{4}$

⇨ 이번 달까지 사용하고 남은 밀가루의 양은 전체의 $\frac{5}{12} - \frac{1}{4} = \frac{5}{12} - \frac{3}{12} = \frac{2}{12} = \frac{1}{6}$입니다.

다른 풀이

지난달까지 사용하고 난 나머지의 $1 - \frac{3}{5} = \frac{2}{5}$가 이번 달까지 사용하고 남은 밀가루이므로 전체의

$\left(1 - \frac{7}{12}\right) \times \frac{2}{5} = \frac{\overset{1}{5}}{\underset{6}{12}} \times \frac{\overset{1}{2}}{\underset{1}{5}} = \frac{1}{6}$입니다.

7 ❶ 어제 읽은 쪽수는 전체의 $\frac{1}{6}$이므로 남은 쪽수는 전체의 $1 - \frac{1}{6} = \frac{5}{6}$입니다.

(어제 읽고 남은 쪽수) $= \overset{40}{240} \times \frac{5}{\underset{1}{6}} = 200$(쪽)

❷ 오늘 읽은 쪽수는 나머지의 $\frac{2}{5}$이므로

(오늘 읽은 쪽수) $= \overset{40}{200} \times \frac{2}{\underset{1}{5}} = 80$(쪽)

다른 풀이

어제 읽은 쪽수는 전체의 $\frac{1}{6}$이므로 나머지는 전체의 $1 - \frac{1}{6} = \frac{5}{6}$입니다.

오늘 읽은 쪽수는 전체의 $\frac{\overset{1}{5}}{\underset{3}{6}} \times \frac{2}{\underset{1}{5}} = \frac{1}{3}$이므로

(오늘 읽은 쪽수) $= \overset{80}{240} \times \frac{1}{\underset{1}{3}} = 80$(쪽)입니다.

8 자전거를 타고 간 거리는 전체의 $\frac{2}{3}$이므로 남은 거리는 전체의 $1-\frac{2}{3}=\frac{1}{3}$입니다.

(자전거를 타고 남은 거리)
$=\overset{2}{\cancel{6}}\times\frac{1}{\cancel{3}}=2 \text{ (km)}$

걸어간 거리는 자전거를 타고 남은 거리의 $\frac{3}{4}$이므로

(걸어간 거리)$=\overset{1}{\cancel{2}}\times\frac{3}{\cancel{4}}=\frac{3}{2}=1\frac{1}{2}\text{ (km)}$입니다.

9 여자는 전체의 $\frac{5}{8}$이므로 남자는 전체의 $1-\frac{5}{8}=\frac{3}{8}$입니다.

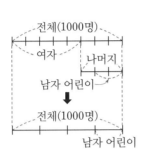

(남자 수)$=\overset{125}{\cancel{1000}}\times\frac{3}{\cancel{8}}$
$=375$(명)

남자 어린이는 남자의 $\frac{2}{3}$이므로

(남자 어린이 수)$=\overset{125}{\cancel{375}}\times\frac{2}{\cancel{3}}=250$(명)입니다.

10 ❶ 동물 모양을 만들고 남은 종이는 전체의 $1-\frac{3}{4}=\frac{1}{4}$입니다.

➡ (동물 모양을 만들고 남은 종이의 넓이)
$=\overset{75}{\cancel{300}}\times\frac{1}{\cancel{4}}=75\text{ (cm}^2)$

❷ 꽃 모양을 만든 종이의 넓이는 동물 모양을 만들고 남은 나머지의 $\frac{2}{3}$이므로 $\overset{25}{\cancel{75}}\times\frac{2}{\cancel{3}}=50\text{ (cm}^2)$입니다.

❸ 동물 모양과 꽃 모양을 만들고 남은 종이의 넓이는 $75-50=25\text{ (cm}^2)$입니다.

11 (간식을 사고 남은 돈)
$=6000\times\left(1-\frac{1}{5}\right)$

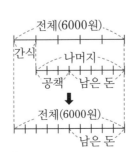

$=\overset{1200}{\cancel{6000}}\times\frac{4}{\cancel{5}}=4800$(원),

(공책을 산 돈)
$=\overset{600}{\cancel{4800}}\times\frac{3}{\cancel{8}}=1800$(원)

➡ (간식과 공책을 사고 남은 돈)
　$=4800-1800=3000$(원)

간식을 사고 남은 돈은 전체의 $1-\frac{1}{5}=\frac{4}{5}$입니다.

공책을 사는 데 쓴 돈은 $\frac{4}{5}$의 $\frac{3}{8}$이므로 남은 돈은 전체의

$\frac{4}{5}\times\left(1-\frac{3}{8}\right)=\frac{\overset{1}{\cancel{4}}}{\cancel{5}}\times\frac{\overset{1}{\cancel{5}}}{\cancel{8}_2}=\frac{1}{2}$입니다.

➡ $\overset{3000}{\cancel{6000}}\times\frac{1}{\cancel{2}}=3000$(원)

12 하루는 24시간입니다.

(잠을 자고 남은 시간)
$=24\times\left(1-\frac{3}{8}\right)$
$=\overset{3}{\cancel{24}}\times\frac{5}{\cancel{8}}=15$(시간)

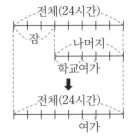

(학교에서 생활하는 시간)
$=\overset{3}{\cancel{15}}\times\frac{2}{\cancel{5}}=6$(시간)

(잠자는 시간과 학교에서 생활하는 시간을 뺀 나머지 시간)
$=15-6=9$(시간)

➡ (여가 시간)$=\overset{3}{\cancel{9}}\times\frac{1}{\cancel{3}}=3$(시간)

유형 06 규칙을 찾아 곱셈하기

50쪽	**1** ❶ 1, 2, 3, 4, 5	❷ $\frac{1}{6}$	冒 $\frac{1}{6}$
	2 $4\frac{1}{3}$		**3** $6\frac{1}{4}$
51쪽	**4** ❶ $\frac{1}{2}$, $\frac{1}{2}$	❷ $7\frac{9}{16}$ cm²	冒 $7\frac{9}{16}$ cm²
	5 $\frac{7}{108}$ m²		**6** $\frac{25}{32}$ cm²

1 ❷ $\frac{1}{2}\times\frac{2}{3}\times\frac{3}{4}\times\frac{4}{5}\times\frac{5}{6}$는

앞의 분수의 분모와 뒤의 분수의 분자가 약분이 되는 규칙이 있습니다.

➡ $\frac{1}{\cancel{2}}\times\frac{\cancel{2}}{\cancel{3}}\times\frac{\cancel{3}}{\cancel{4}}\times\frac{\cancel{4}}{\cancel{5}}\times\frac{\cancel{5}}{6}=\frac{1}{6}$

2 식을 간단히 하면

$\left(1+\frac{2}{3}\right)\times\left(1+\frac{2}{5}\right)\times\left(1+\frac{2}{7}\right)\times\left(1+\frac{2}{9}\right)\times\left(1+\frac{2}{11}\right)$
$=\frac{5}{3}\times\frac{7}{5}\times\frac{9}{7}\times\frac{11}{9}\times\frac{13}{11}$

앞의 분수의 분자와 뒤의 분수의 분모가 약분이 되는 규칙이 있습니다.

$$\Rightarrow \frac{\overset{1}{\cancel{5}}}{3} \times \frac{\overset{1}{\cancel{7}}}{\underset{1}{\cancel{5}}} \times \frac{\overset{1}{\cancel{9}}}{\underset{1}{\cancel{7}}} \times \frac{\overset{1}{\cancel{11}}}{\underset{1}{\cancel{9}}} \times \frac{13}{\underset{1}{\cancel{11}}} = \frac{13}{3} = 4\frac{1}{3}$$

3 식을 간단히 하면

$$\left(1 + \frac{1}{4}\right) \times \left(1 + \frac{1}{5}\right) \times \left(1 + \frac{1}{6}\right) \times \cdots\cdots \times \left(1 + \frac{1}{24}\right)$$
$$= \frac{5}{4} \times \frac{6}{5} \times \frac{7}{6} \times \cdots\cdots \times \frac{25}{24}$$

앞의 분수의 분자와 뒤의 분수의 분모가 약분이 되는 규칙이 있습니다.

$$\Rightarrow \frac{\overset{1}{\cancel{5}}}{4} \times \frac{\overset{1}{\cancel{6}}}{\underset{1}{\cancel{5}}} \times \frac{\overset{1}{\cancel{7}}}{\underset{1}{\cancel{6}}} \times \cdots\cdots \times \frac{25}{\underset{1}{\cancel{24}}} = \frac{25}{4} = 6\frac{1}{4}$$

4 ❶ 정사각형의 각 변의 한가운데 점을 이어서 만든 정사각형의 넓이는 그리기 전 정사각형의 넓이의 $\frac{1}{2}$입니다.

❷ (색칠한 부분의 넓이)   → 2번 그렸습니다.
$$= (\text{처음 정사각형의 넓이}) \times \boxed{\frac{1}{2} \times \frac{1}{2}}$$
$$= \left(5\frac{1}{2} \times 5\frac{1}{2}\right) \times \frac{1}{2} \times \frac{1}{2}$$
$$= \frac{11}{2} \times \frac{11}{2} \times \frac{1}{2} \times \frac{1}{2} = \frac{121}{16} = 7\frac{9}{16}\ (\text{cm}^2)$$

5 직사각형의 각 변의 한가운데 점을 이어 만든 직사각형의 넓이는 그리기 전 직사각형의 넓이의 $\frac{1}{2}$입니다.
색칠한 부분의 넓이는 처음 직사각형에서 3번째 그렸을 때 직사각형의 넓이입니다.

$\Rightarrow$ (색칠한 부분의 넓이)   → 3번 그렸습니다.
$$= (\text{처음 직사각형의 넓이}) \times \boxed{\frac{1}{2} \times \frac{1}{2} \times \frac{1}{2}}$$
$$= \frac{7}{9} \times \frac{\overset{1}{\cancel{2}}}{3} \times \frac{1}{\underset{1}{\cancel{2}}} \times \frac{1}{2} \times \frac{1}{2} = \frac{7}{108}\ (\text{m}^2)$$

6 각 변의 한가운데 점을 이어서 만든 정삼각형은 그리기 전 정삼각형의 넓이의 $\frac{1}{4}$입니다.
색칠한 부분의 넓이는 처음 정삼각형에서 3번째 그렸을 때 정삼각형의 넓이입니다.

$\Rightarrow$ (색칠한 부분의 넓이)   → 3번 그렸습니다.
$$= (\text{처음 정삼각형의 넓이}) \times \boxed{\frac{1}{4} \times \frac{1}{4} \times \frac{1}{4}}$$
$$= \overset{25}{\cancel{50}} \times \frac{1}{\underset{2}{\cancel{4}}} \times \frac{1}{4} \times \frac{1}{4} = \frac{25}{32}\ (\text{cm}^2)$$

유형 **07** 실생활에서의 분수의 곱셈

52쪽	**1** ❶ 10 m ❷ $6\frac{2}{3}$ m 답 $6\frac{2}{3}$ m	
	2 $10\frac{1}{8}$ m	**3** $87\frac{3}{5}$ m
53쪽	**4** ❶ 21분 ❷ 오전 7시 39분 답 7시 39분	
	5 3시 1분 20초	**6** 1시간 31분
54쪽	**7** ❶ $1\frac{5}{6}$ L ❷ $4\frac{1}{3}$ 분 ❸ $7\frac{17}{18}$ L	
	답 $7\frac{17}{18}$ L	
	8 $10\frac{7}{8}$ L	**9** $7\frac{4}{5}$ L
55쪽	**10** ❶ 71 km ❷ $1\frac{2}{3}$ 시간 ❸ $118\frac{1}{3}$ km	
	답 $118\frac{1}{3}$ km	
	11 $225\frac{1}{2}$ km	**12** $12\frac{25}{32}$ km

1 ❶ (첫 번째로 튀어 오른 공의 높이)
$$= (\text{떨어진 공의 높이}) \times \frac{2}{3} = \overset{5}{\cancel{15}} \times \frac{2}{\underset{1}{\cancel{3}}} = 10\ (\text{m})$$

❷ (두 번째로 튀어 오른 공의 높이)
$$= (\text{첫 번째로 튀어 오른 공의 높이}) \times \frac{2}{3}$$
$$= 10 \times \frac{2}{3} = \frac{20}{3} = 6\frac{2}{3}\ (\text{m})$$

2 (첫 번째로 튀어 오른 공의 높이) $= \overset{6}{\cancel{24}} \times \frac{3}{\underset{1}{\cancel{4}}} = 18\ (\text{m})$

(두 번째로 튀어 오른 공의 높이) $= \overset{9}{\cancel{18}} \times \frac{3}{\underset{2}{\cancel{4}}}$
$$= \frac{27}{2} = 13\frac{1}{2}\ (\text{m})$$

$\Rightarrow$ (세 번째로 튀어 오른 공의 높이)
$$= 13\frac{1}{2} \times \frac{3}{4} = \frac{27}{2} \times \frac{3}{4} = \frac{81}{8} = 10\frac{1}{8}\ (\text{m})$$

3 (첫 번째로 튀어 오른 공의 높이)
$$= \overset{6}{\cancel{30}} \times \frac{3}{\underset{1}{\cancel{5}}} = 18\ (\text{m})$$

(두 번째로 튀어 오른 공의 높이)
$$= 18 \times \frac{3}{5} = \frac{54}{5} = 10\frac{4}{5}\ (\text{m})$$

⇨ (공이 세 번째로 땅에 닿을 때까지 움직인 모든 거리)
　＝(처음 떨어진 높이)＋(첫 번째로 튀어 오르고 떨어진 거리)＋(두 번째로 튀어 오르고 떨어진 거리)
　$=30+18\times2+10\frac{4}{5}\times2$
　$=30+36+21\frac{3}{5}=87\frac{3}{5}$ (m)

4 ❶ 2주일은 $7\times2=14$(일)이므로
(시계가 2주일 동안 늦어지는 시간)
$=1\frac{1}{2}\times14=\frac{3}{\underset{1}{2}}\times\overset{7}{14}=21$(분)

❷ (2주일 후 오전 8시에 시계가 가리키는 시각)
＝(정확한 시각)－(늦어지는 시간)
＝오전 8시－21분＝오전 7시 39분

참고
■시에서 ▲분 늦어지면 '■시 ▲분 전' 시각과 같고,
■시에서 ▲분 빨라지면 '■시 ▲분 후' 시각과 같습니다.

5 오늘 오후 3시부터 내일 오전 3시까지는 12시간입니다.
(12시간 동안 빨라지는 시간)
$=6\frac{2}{3}\times12=\frac{20}{\underset{1}{3}}\times\overset{4}{12}=80$(초) → 1분 20초

⇨ (내일 오전 3시에 시계가 가리키는 시각)
＝오전 3시＋1분 20초＝오전 3시 1분 20초

6 9월 1일 오전 10시부터 10월 1일 오전 10시까지는 30일이므로 30일 후 정호의 시계는
$1\frac{1}{5}\times30=\frac{6}{\underset{1}{5}}\times\overset{6}{30}=36$(분) 빨라지고,

도현이의 시계는 $1\frac{5}{6}\times30=\frac{11}{\underset{1}{6}}\times\overset{5}{30}=55$(분) 늦어집니다. 10월 1일에 두 사람의 시계가 가리키는 시각을 각각 구하면 정호: 오전 10시＋36분＝오전 10시 36분,
도현: 오전 10시－55분＝오전 9시 5분
따라서 두 시계가 가리키는 시각은
10시 36분－9시 5분＝1시간 31분 차이가 납니다.

다른 풀이
정호의 시계는 하루에 $1\frac{1}{5}$분씩 빠르게 가고, 도현이의 시계는 하루에 $1\frac{5}{6}$분씩 늦게 가므로
하루에 두 사람의 시계가 가리키는 시각은
$1\frac{1}{5}+1\frac{5}{6}=3\frac{1}{30}$(분)씩 차이가 납니다.
9월 1일 오전 10시부터 10월 1일 오전 10시까지는 30일이므로 30일 후 두 시계가 가리키는 시각은
$3\frac{1}{30}$분$\times30=91$분＝1시간 31분 차이가 납니다.

7 ❶ (1분 동안 두 수도꼭지에서 나오는 물의 양)
$=\frac{3}{4}+1\frac{1}{12}=\frac{9}{12}+1\frac{1}{12}=1\frac{10}{12}=1\frac{5}{6}$ (L)

❷ 4분 20초$=4\frac{20}{60}$분$=4\frac{1}{3}$분

❸ (4분 20초 동안 받은 물의 양)
＝(1분 동안 받은 물의 양)$\times4\frac{1}{3}$
$=1\frac{5}{6}\times4\frac{1}{3}=\frac{11}{6}\times\frac{13}{3}=\frac{143}{18}=7\frac{17}{18}$ (L)

8 (1분 동안 두 수도꼭지에서 나오는 물의 양)
$=\frac{3}{5}+\frac{9}{10}=\frac{6}{10}+\frac{9}{10}=\frac{15}{10}=\frac{3}{2}=1\frac{1}{2}$ (L)
7분 15초$=7\frac{15}{60}$분$=7\frac{1}{4}$분
⇨ (7분 15초 동안 받은 물의 양)
$=1\frac{1}{2}\times7\frac{1}{4}=\frac{3}{2}\times\frac{29}{4}=\frac{87}{8}=10\frac{7}{8}$ (L)

9 (1분 동안 물통에 받을 수 있는 물의 양)
$=1\frac{2}{3}-\frac{2}{9}=1\frac{6}{9}-\frac{2}{9}=1\frac{4}{9}$ (L)
5분 24초$=5\frac{24}{60}$분$=5\frac{2}{5}$분
⇨ (5분 24초 동안 받는 물의 양)
$=1\frac{4}{9}\times5\frac{2}{5}=\frac{13}{\underset{1}{9}}\times\frac{\overset{3}{27}}{5}$
$=\frac{39}{5}=7\frac{4}{5}$ (L)

10 ❶ (1시간 동안 달리는 거리)
＝(30분 동안 달리는 거리)$\times2$
$=35\frac{1}{2}\times2=\frac{71}{\underset{1}{2}}\times\overset{1}{2}=71$ (km)

❷ 1시간 40분$=1\frac{40}{60}$시간$=1\frac{2}{3}$시간

❸ (1시간 40분 동안 달리는 거리)
$=71\times1\frac{2}{3}=71\times\frac{5}{3}=\frac{355}{3}=118\frac{1}{3}$ (km)

다른 풀이
(10분 동안 달리는 거리)
$=35\frac{1}{2}\times\frac{1}{3}=\frac{71}{2}\times\frac{1}{3}=\frac{71}{6}=11\frac{5}{6}$ (km)
1시간 40분＝60분＋40분＝100분
⇨ (1시간 40분 동안 달리는 거리)
$=11\frac{5}{6}\times10=\frac{71}{\underset{3}{6}}\times\overset{5}{10}=\frac{355}{3}=118\frac{1}{3}$ (km)

11 (1시간 동안 달리는 거리)

$= $ (20분 동안 달리는 거리) $\times 3$

$= 27\dfrac{1}{3} \times 3 = \dfrac{82}{\overset{1}{\cancel{3}}} \times \overset{1}{\cancel{3}} = 82 \ (\text{km})$

2시간 45분 $= 2\dfrac{45}{60}$ 시간 $= 2\dfrac{3}{4}$ 시간

$\Rightarrow$ (2시간 45분 동안 달리는 거리)

$= 82 \times 2\dfrac{3}{4} = \overset{41}{\cancel{82}} \times \dfrac{11}{\underset{2}{\cancel{4}}} = \dfrac{451}{2} = 225\dfrac{1}{2} \ (\text{km})$

12 (1시간 동안 달리는 거리)

$= 102\dfrac{1}{4} \times \dfrac{1}{2} = \dfrac{409}{4} \times \dfrac{1}{2} = \dfrac{409}{8} = 51\dfrac{1}{8} \ (\text{km})$

15분 $= \dfrac{15}{60}$ 시간 $= \dfrac{1}{4}$ 시간

$\Rightarrow$ (15분 동안 달리는 거리)

$= 51\dfrac{1}{8} \times \dfrac{1}{4} = \dfrac{409}{8} \times \dfrac{1}{4}$

$= \dfrac{409}{32} = 12\dfrac{25}{32} \ (\text{km})$

단원 **2** 유형 마스터

56쪽	**01** $\dfrac{12}{25}$ cm²	**02** 3, 4	**03** $7\dfrac{3}{5}$
57쪽	**04** 9	**05** $2\dfrac{19}{20}$	**06** $\dfrac{3}{80}$
58쪽	**07** $\dfrac{12}{25}$	**08** $\dfrac{9}{22}$	**09** $1\dfrac{3}{5}$ m
59쪽	**10** $3\dfrac{19}{24}$ L	**11** 10 kg	
	12 9시 2분 8초		

01 색칠한 부분의 넓이는 전체를 똑같이 4로 나눈 것 중의 3이므로 전체의 $\dfrac{3}{4}$입니다.

$\Rightarrow$ (색칠한 부분의 넓이)

$= $ (정사각형 전체의 넓이) $\times \dfrac{3}{4}$

$= \dfrac{\overset{4}{\cancel{16}}}{25} \times \dfrac{3}{\underset{1}{\cancel{4}}} = \dfrac{12}{25} \ (\text{cm}^2)$

---

02 $\dfrac{1}{9} \times \dfrac{1}{\square} = \dfrac{1}{9 \times \square}$ 이므로 $\dfrac{1}{40} < \dfrac{1}{9 \times \square} < \dfrac{1}{23}$ 입니다.

단위분수는 분모가 클수록 작은 수이므로

$23 < 9 \times \square < 40$ 입니다.

$9 \times \square$ 가 될 수 있는 자연수는 $9 \times \underline{3} = 27$, $9 \times \underline{4} = 36$

이므로 $\square$ 안에 들어갈 수 있는 자연수는 3, 4입니다.

03 곱이 가장 작게 되는 (대분수) $\times$ (자연수)의 곱셈식이 되려면 자연수에 가장 작은 수인 2를 놓고 나머지 수 카드 3, 4, 5로 가장 작은 대분수 $3\dfrac{4}{5}$를 만들면 됩니다.

$\Rightarrow 3\dfrac{4}{5} \times 2 = \dfrac{19}{5} \times 2 = \dfrac{38}{5} = 7\dfrac{3}{5}$

04 $1\dfrac{2}{3} \times \dfrac{4}{5} \times \dfrac{\square}{3} = \dfrac{\overset{1}{\cancel{5}}}{3} \times \dfrac{4}{\underset{1}{\cancel{5}}} \times \dfrac{\square}{3} = \dfrac{4 \times \square}{9}$

$\dfrac{4 \times \square}{9}$ 가 자연수가 되려면 $\square$는 9의 배수가 되어야 합니다. $\square$ 안에 들어갈 수 있는 가장 작은 자연수는 9의 배수 중에서 가장 작은 수이므로 9입니다.

05 $\left(2\dfrac{1}{2} \text{과 } 4\dfrac{3}{4} \text{ 사이의 거리} \right)$

$= 4\dfrac{3}{4} - 2\dfrac{1}{2} = 4\dfrac{3}{4} - 2\dfrac{2}{4} = 2\dfrac{1}{4}$

눈금 한 칸의 크기는 $2\dfrac{1}{2}$과 $4\dfrac{3}{4}$ 사이의 거리를 5등분 한 것 중의 한 칸이므로

(눈금 한 칸의 크기) $= 2\dfrac{1}{4} \times \dfrac{1}{5} = \dfrac{9}{4} \times \dfrac{1}{5} = \dfrac{9}{20}$

$\Rightarrow \square = 2\dfrac{1}{2} + \dfrac{9}{20} = 2\dfrac{10}{20} + \dfrac{9}{20} = 2\dfrac{19}{20}$

06 5학년 학생: 전체의 $\dfrac{1}{4}$, 예준이네 반 학생: 5학년 학생의 $\dfrac{2}{5}$이므로 전체의 $\dfrac{1}{\underset{2}{\cancel{4}}} \times \dfrac{\overset{1}{\cancel{2}}}{5} = \dfrac{1}{10}$

예준이네 반 전체의 $\dfrac{5}{8}$가 여학생이므로 남학생은 예준이네 반 전체의 $1 - \dfrac{5}{8} = \dfrac{3}{8}$입니다.

$\Rightarrow$ 예준이네 반 남학생은 학교 전체 학생의

$\dfrac{1}{10} \times \dfrac{3}{8} = \dfrac{3}{80}$ 입니다.

07 바닥에 놓인 수를 차례로 쓰면 3, 4, 5입니다.

만들 수 있는 진분수는 $\dfrac{3}{4}$, $\dfrac{3}{5}$, $\dfrac{4}{5}$이고 분수의 크기를 비교하면 $\dfrac{3}{5}\left(= \dfrac{12}{20} \right) < \dfrac{3}{4}\left(= \dfrac{15}{20} \right) < \dfrac{4}{5}\left(= \dfrac{16}{20} \right)$입니다.

가장 큰 진분수는 $\dfrac{4}{5}$이고, 가장 작은 진분수는 $\dfrac{3}{5}$이므로 두 진분수의 곱은 $\dfrac{4}{5} \times \dfrac{3}{5} = \dfrac{12}{25}$입니다.

08 $\dfrac{9}{10}$부터 13번째 분수까지 모두 곱셈식으로 나타내면 앞의 분수의 분모와 뒤의 분수의 분자가 약분이 되는 규칙이 있습니다.

$\Rightarrow \dfrac{9}{10} \times \dfrac{\overset{1}{10}}{\underset{1}{11}} \times \dfrac{\overset{1}{11}}{\underset{1}{12}} \times \cdots\cdots \times \dfrac{\overset{1}{19}}{\underset{1}{20}} \times \dfrac{\overset{1}{20}}{\underset{1}{21}} \times \dfrac{\overset{1}{21}}{22} = \dfrac{9}{22}$

09 (첫 번째로 튀어 오른 공의 높이)$= \overset{5}{\cancel{25}} \times \dfrac{2}{\cancel{5}_{1}} = 10$ (m)

(두 번째로 튀어 오른 공의 높이)$= \overset{2}{\cancel{10}} \times \dfrac{2}{\cancel{5}_{1}} = 4$ (m)

$\Rightarrow$ (세 번째로 튀어 오른 공의 높이)

$= 4 \times \dfrac{2}{5} = \dfrac{8}{5} = 1\dfrac{3}{5}$ (m)

10 (1분 동안 물통에 받을 수 있는 물의 양)

$= 1\dfrac{1}{4} - \dfrac{3}{8} = 1\dfrac{2}{8} - \dfrac{3}{8} = \dfrac{10}{8} - \dfrac{3}{8} = \dfrac{7}{8}$ (L)

4분 20초$= 4\dfrac{20}{60}$분$= 4\dfrac{1}{3}$분

$\Rightarrow$ (4분 20초 동안 받는 물의 양)

$= \dfrac{7}{8} \times 4\dfrac{1}{3} = \dfrac{7}{8} \times \dfrac{13}{3} = \dfrac{91}{24} = 3\dfrac{19}{24}$ (L)

11 처음에 가지고 있던 밀가루를 $\square$ kg이라고 하면

$\square \times \left(1 - \dfrac{1}{5}\right) \times \left(1 - \dfrac{3}{4}\right) = 2, \square \times \dfrac{4}{5} \times \dfrac{1}{\cancel{4}_{1}}^{\overset{1}{}} = 2,$

$\square \times \dfrac{1}{5} = 2 \Rightarrow \square = 2 \times 5, \square = 10$

12 오늘 오전 9시부터 내일 오전 9시까지는 24시간입니다.

(24시간 동안 빨라지는 시간)

$= 5\dfrac{1}{3} \times 24 = \dfrac{16}{\cancel{3}} \times \overset{8}{\cancel{24}}$

$= 128$(초) $\rightarrow$ 2분 8초

$\Rightarrow$ (내일 오전 9시에 시계가 가리키는 시각)

$=$ 오전 9시 $+$ 2분 8초 $=$ 오전 9시 2분 8초

3 합동과 대칭

1 ❶ 변 ㄱㄴ의 대응변은 변 ㄹㅁ이고 대응변의 길이는 서로 같으므로

(변 ㄱㄴ)$= 10$ cm

❷ 변 ㅁㄷ의 대응변은 변 ㄴㄷ이므로

(변 ㅁㄷ)$= 8$ cm $\Rightarrow$ (변 ㄱㄷ)$= 8 - 2 = 6$ (cm)

변 ㄷㄹ의 대응변은 변 ㄷㄱ이므로

(변 ㄷㄹ)$= 6$ cm

❸ (만든 도형의 둘레)$= 2 + 10 + 8 + 6 + 10 = 36$ (cm)

2 변 ㅁㄹ의 대응변은 변 ㄴㄱ이므로 (변 ㅁㄹ)$= 5$ cm

변 ㄱㄷ의 대응변은 변 ㄹㄷ이므로

(변 ㄱㄷ)$= 4$ cm $\Rightarrow$ (변 ㅁㄷ)$= 4 - 1 = 3$ (cm)

변 ㄴㄷ의 대응변은 변 ㅁㄷ이므로 (변 ㄴㄷ)$= 3$ cm

$\Rightarrow$ (만든 도형의 둘레)$= 5 + 3 + 4 + 5 + 1 = 18$ (cm)

3 변 ㄴㄷ의 대응변은 변 ㄷㅁ이므로 (변 ㄴㄷ)$= 12$ cm

$\Rightarrow$ (변 ㄹㄷ)$= 12 - 7 = 5$ (cm)

변 ㄱㄴ의 대응변은 변 ㄹㄷ이므로 (변 ㄱㄴ)$= 5$ cm

$\Rightarrow$ (삼각형 ㄱㄴㄷ의 둘레)$= 5 + 12 + 13 = 30$ (cm)

4 ❶ 선대칭도형에서 대응점끼리 이은 선분은 대칭축과 수직으로 만나므로 (각 ㄴㅁㄱ)$= 90°$

❷ 삼각형 ㄱㄴㅁ에서

(각 ㄴㄱㅁ)$= 180° - 45° - 90° = 45°$

삼각형 ㄱㄴㅁ은 두 각의 크기가 같으므로 이등변삼각형입니다.

이등변삼각형은 두 변의 길이가 같으므로

(선분 ㄴㅁ)$=$ (선분 ㄱㅁ)$= 6$ cm

❸ 대칭축은 대응점끼리 이은 선분을 둘로 똑같이 나누므로 (선분 ㄴㄹ)$= 6 \times 2 = 12$ (cm)

5 선대칭도형에서 대응점끼리 이은 선분은 대칭축과 수직
으로 만나므로 (각 ㄴㅁㄷ)=90°
삼각형 ㄴㄷㅁ에서
(각 ㄴㄷㅁ)=180°−45°−90°=45°
삼각형 ㄴㄷㅁ은 두 각의 크기가 같으므로 이등변삼각형
입니다.
이등변삼각형은 두 변의 길이가 같으므로
(선분 ㄷㅁ)=(선분 ㄴㅁ)=9 cm
대칭축은 대응점끼리 이은 선분을 둘로 똑같이 나누므로
(선분 ㄱㄷ)=9×2=18 (cm)

6 선대칭도형에서 대응점끼리 이은 선분은 대칭축과 수직
으로 만나므로 (각 ㄴㅁㄱ)=90°
삼각형 ㄱㄴㅁ에서
(각 ㄱㄴㅁ)=180°−60°−90°=30°
대응각의 크기가 같으므로
(각 ㄷㄴㅁ)=(각 ㄱㄴㅁ)=30°
⇨ (각 ㄱㄴㄷ)=30°+30°=60°
삼각형 ㄱㄴㄷ에서
(각 ㄴㄷㄱ)=180°−60°−60°=60°입니다.
대칭축은 대응점끼리 이은 선분을 둘로 똑같이 나누므로
(선분 ㄱㄷ)=5×2=10 (cm)
삼각형 ㄱㄴㄷ은 세 각의 크기가 모두 같은 정삼각형이
므로 (변 ㄱㄴ)=10 cm입니다.

다른 풀이
대응각의 크기가 같으므로 (각 ㄴㄷㄱ)=(각 ㄴㄱㄷ)=60°
삼각형 ㄱㄴㄷ에서 (각 ㄱㄴㄷ)=180°−60°−60°=60°
삼각형 ㄱㄴㄷ은 세 각의 크기가 모두 같으므로 정삼각형입니다.
대칭축은 대응점끼리 이은 선분을 똑같이 나누므로
(선분 ㄱㄷ)=5×2=10 (cm)
따라서 (변 ㄱㄴ)=10 cm입니다.

7 ❶ 선대칭도형에서 대응변의 길이가 서로 같으므로
(선분 ㄹㄷ)=(선분 ㄹㄴ)=8 cm
❷ (변 ㄱㄴ)=(변 ㄱㄷ)이고, 삼각형 ㄱㄴㄷ의 둘레가
38 cm이므로
(변 ㄱㄴ)+(변 ㄱㄷ)=38−8−8=22 (cm)
⇨ 대응변의 길이가 서로 같으므로
(변 ㄱㄴ)=22÷2=11 (cm)

8 선대칭도형에서 대응변의 길이는 서로 같습니다.
(변 ㄴㄷ)=(변 ㄴㄱ)=5 cm,
(변 ㄷㄹ)=(변 ㄱㅂ)=10 cm
도형의 둘레가 36 cm이므로
(변 ㄹㅁ)+(변 ㅂㅁ)=36−(5+5+10+10)=6 (cm)
대응변의 길이가 서로 같으므로
(변 ㄹㅁ)=(변 ㅁㅂ)=6÷2=3 (cm)

9 선대칭도형의 대칭축은 선분 ㄴㄹ입니다.
(변 ㄱㄴ)=(변 ㄷㄴ)=8 cm
(변 ㄱㄹ)=(변 ㄷㄹ)=(28−8−8)÷2=12÷2
=6 (cm)
(직각삼각형 ㄱㄴㄹ의 넓이)=8×6÷2=24 (cm²)
선대칭도형에서 대칭축에 의해 나누어진 두 도형은 합동
이므로
선대칭도형의 넓이는 삼각형 ㄱㄴㄹ의 넓이의 2배이므로
24×2=48 (cm²)

10 ❶ 점대칭도형은 각각의 대응점에서 대칭의 중심까지
의 거리가 서로 같으므로
(선분 ㄴㅇ)=(선분 ㅂㅇ)=2 cm
❷ (변 ㄷㄴ)=7−2−2=3 (cm)
대응변의 길이는 서로 같으므로
(변 ㅂㅅ)=(변 ㄴㄷ)=3 cm

11 점대칭도형은 각각의 대응점에서 대칭의 중심까지의 거
리가 서로 같으므로
(선분 ㅅㅇ)=(선분 ㄷㅇ)=3 cm
⇨ (변 ㅈㅅ)=11−3−3=5 (cm)
대응변의 길이는 서로 같으므로
(변 ㄷㄹ)=(변 ㅅㅈ)=5 cm

12 점대칭도형은 각각의 대응점에서 대칭의 중심까지의 거
리가 서로 같으므로
(선분 ㅁㅇ)=(선분 ㄴㅇ)=4 cm,
(변 ㄷㄴ)=17−4−4=9 (cm)
대응변의 길이는 서로 같으므로
(변 ㄷㄹ)=(변 ㅂㄱ)=15 cm,
(변 ㄱㄴ)=(변 ㄹㅁ)=16 cm,
(변 ㅂㅁ)=(변 ㄷㄴ)=9 cm
⇨ (점대칭도형의 둘레)=16+9+15+16+9+15
=80 (cm)

참고
대응변의 길이는 서로 같으므로
(점대칭도형의 둘레)=(16+9+15)×2로 구할 수 있습니다.

유형 **02** 대응각의 성질

66쪽	**1** ❶ $35°$ ❷ $55°$ ❸ $70°$ 답 $70°$	
	2 $30°$	**3** $20°$
67쪽	**4** ❶ $65°$	
	❷ (각 ㄴㅂㅁ)$=90°$, (각 ㄱㅁㅂ)$=90°$	
	❸ $115°$ 답 $115°$	
	5 $110°$	**6** $90°$
68쪽	**7** ❶ ㄱ / 이등변삼각형	
	❷ $40°$ ❸ $40°$ 답 $40°$	
	8 $70°$	**9** $50°$

1 ❶ 대응각의 크기는 서로 같으므로
(각 ㄱㄷㄴ)=(각 ㄹㄴㄷ)$=35°$
❷ 삼각형 ㄹㄴㄷ에서
(각 ㄹㄷㄴ)$=180°-90°-35°=55°$
❸ (각 ㄹㄷㅁ)$=55°-35°=20°$이므로
삼각형 ㄹㄷㅁ에서
(각 ㄹㅁㄷ)$=180°-90°-20°=70°$

2 대응각의 크기는 서로 같으므로
(각 ㅁㄷㅂ)=(각 ㅁㄱㄹ)$=30°$
삼각형 ㄷㅁㅂ에서 (각 ㄷㅁㅂ)$=180°-30°-90°=60°$
한 직선이 이루는 각의 크기는 $180°$이므로
(각 ㄴㅂㄱ)$=180°-60°=120°$
➡ 삼각형 ㄱㄴㅂ에서
(각 ㄱㄴㅂ)$=180°-30°-120°=30°$입니다.

3 대응각의 크기는 서로 같으므로
(각 ㅁㄹㄷ)=(각 ㄱㄴㄷ)
사각형 ㄹㅂㄴㄷ에서
(각 ㅂㄹㄷ)+(각 ㅂㄴㄷ)$=360°-90°-130°=140°$,
(각 ㅂㄹㄷ)=(각 ㅂㄴㄷ)$=140°÷2=70°$
➡ 삼각형 ㄹㅁㄷ에서
(각 ㄹㅁㄷ)$=180°-90°-70°=20°$

4 ❶ 한 직선이 이루는 각의 크기는 $180°$이므로
(각 ㄹㄷㅂ)$=180°-115°=65°$
대응각의 크기는 서로 같으므로
(각 ㄱㄴㅂ)=(각 ㄹㄷㅂ)$=65°$
❷ 대응점끼리 이은 선분은 대칭축과 수직으로 만나므로 (각 ㄴㅂㅁ)=(각 ㄱㅁㅂ)$=90°$
❸ 사각형의 네 각의 크기의 합은 $360°$이므로
(각 ㅁㄱㄴ)$=360°-65°-90°-90°=115°$

5 한 직선이 이루는 각의 크기는 $180°$이므로
(각 ㅂㄷㄹ)$=180°-85°=95°$입니다.
대응각의 크기는 같으므로
(각 ㄱㄴㅂ)=(각 ㄹㄷㅂ)$=95°$
대응점끼리 이은 선분은 대칭축과 수직으로 만나므로
(각 ㄴㅂㅁ)=(각 ㄷㅂㅁ)$=90°$입니다.
사각형의 네 각의 크기의 합은 $360°$이므로
(각 ㅁㄱㄴ)$=360°-65°-95°-90°=110°$

6 오른쪽 선대칭도형의 대칭축은 직선 ㄴㅁ입니다.
대응각의 크기는 서로 같으므로
(각 ㄴㄱㅂ)=(각 ㄴㄷㄹ)$=95°$
(각 ㄱㄴㅁ)=(각 ㄷㄴㅁ)$=90°÷2=45°$,
(각 ㄴㅁㅂ)=(각 ㄴㅁㄹ)$=(360°-100°)÷2=130°$
사각형 ㄱㄴㅁㅂ의 네 각의 크기의 합은 $360°$이므로
(각 ㄱㅂㅁ)$=360°-95°-45°-130°=90°$

7 ❶ 점대칭도형은 대응변의 길이가 서로 같으므로
(변 ㄱㅇ)=(변 ㄷㅇ), (변 ㄹㅇ)=(변 ㄴㅇ)입니다.
(변 ㄱㅇ)=(변 ㄴㅇ)이므로 삼각형 ㄱㄴㅇ은
(변 ㄱㅇ)=(변 ㄴㅇ)인 이등변삼각형입니다.
❷ 삼각형 ㄱㄴㅇ은 이등변삼각형이므로
(각 ㄴㄱㅇ)=(각 ㄱㄴㅇ)$=70°$
삼각형 ㄱㄴㅇ에서 (각 ㄱㅇㄴ)$=180°-70°-70°=40°$
❸ 대응각의 크기는 서로 같으므로
(각 ㄹㅇㄷ)=(각 ㄴㅇㄱ)$=40°$

8 점대칭도형은 대응변의 길이가 서로 같으므로
(변 ㄴㅇ)=(변 ㄷㅇ), (변 ㄱㅇ)=(변 ㄹㅇ)입니다.
(변 ㄴㅇ)=(변 ㄹㅇ)이므로 삼각형 ㄱㅇㄴ은
(변 ㄱㅇ)=(변 ㄴㅇ)인 이등변삼각형입니다.
삼각형 ㄱㅇㄴ은 이등변삼각형이므로
(각 ㅇㄴㄱ)=(각 ㅇㄱㄴ)$=55°$
삼각형 ㄱㅇㄴ에서 (각 ㄱㅇㄴ)$=180°-55°-55°=70°$
대응각의 크기는 서로 같으므로
(각 ㄷㅇㄹ)=(각 ㄴㅇㄱ)$=70°$입니다.

9 점대칭도형은 대응각의 크기가 서로 같으므로
(각 ㄴㅇㄱ)=(각 ㄹㅇㄷ)$=80°$
선분 ㄴㅇ과 선분 ㄱㅇ은 원의 반지름이므로 길이가 모두 같습니다.
➡ (선분 ㄴㅇ)=(선분 ㄱㅇ)이므로 삼각형 ㄴㅇㄱ은 이등변삼각형입니다.
(각 ㄱㄴㅇ)=(각 ㄴㄱㅇ)$=(180°-80°)÷2$
$=100°÷2=50°$

69쪽

1 ❶

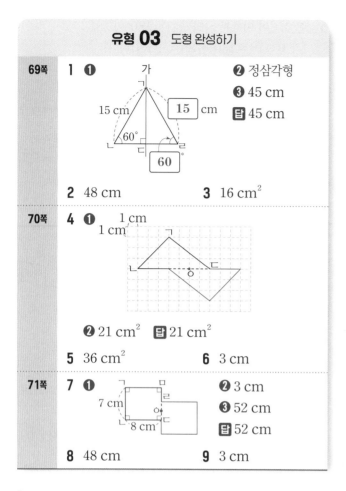

❷ 정삼각형
❸ 45 cm
🔁 45 cm

2 48 cm　　　**3** 16 cm²

70쪽

4 ❶

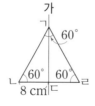

❷ 21 cm²　🔁 21 cm²

5 36 cm²　　　**6** 3 cm

71쪽

7 ❶

❷ 3 cm
❸ 52 cm
🔁 52 cm

8 48 cm　　　**9** 3 cm

---

1 ❶ 선대칭도형은 대응각의 크기가 서로 같으므로
　(각 ㄱㄹㄷ)=(각 ㄱㄴㄷ)=60°
　대응변의 길이가 서로 같으므로
　(변 ㄱㄹ)=(변 ㄱㄴ)=15 cm
❷ 삼각형의 세 각의 크기의 합은 180°이므로
　(각 ㄴㄱㄹ)=180°−60°−60°=60°
　삼각형 ㄱㄴㄹ은 세 각이 모두 60°인 정삼각형입니다.
❸ 삼각형 ㄱㄴㄹ은 한 변의 길이가 15 cm인 정삼각형
　이므로
　(완성한 선대칭도형의 둘레)=15×3=45 (cm)

2 삼각형의 세 각의 크기의 합은 180°
　이므로
　(각 ㄱㄴㄷ)=180°−30°−90°
　　　　　　　=60°
　선대칭도형은 대응각의 크기가 서로
　같으므로
　(각 ㄱㄹㄷ)=(각 ㄱㄴㄷ)=60°
　⇨ (각 ㄴㄱㄹ)=30°+30°=60°
　삼각형 ㄱㄴㄹ은 세 각이 모두 60°인 정삼각형이고 한
　변의 길이는 8×2=16 (cm)입니다.
　⇨ (완성한 선대칭도형의 둘레)=16×3=48 (cm)

---

3 (각 ㄷㄱㄴ)=180°−90°−45°
　　　　　　　=45°
　삼각형 ㄱㄷㄴ은
　(각 ㄷㄱㄴ)=(각 ㄷㄴㄱ)이므로
　이등변삼각형입니다.
　⇨ (변 ㄷㄴ)=(변 ㄱㄷ)=4 cm
　선대칭도형은 대응변의 길이가 서로 같으므로
　(변 ㄷㄹ)=(변 ㄷㄱ)=4 cm
　⇨ (완성한 선대칭도형의 넓이)=(4+4)×4÷2
　　　　　　　　　　　　　　　=16 (cm²)

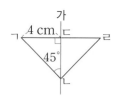

4 ❶ 그림에서 점 ㅇ을 대칭의 중심으로 하는 점대칭도형
　을 완성합니다.
❷ (완성한 점대칭도형의 넓이)
　=(삼각형 ㄱㄴㄷ의 넓이)×2
　=(7×3÷2)×2
　=21 (cm²)

5 (완성한 점대칭도형의
　넓이)
　=(사다리꼴의 넓이)
　　×2
　=(5+7)×3÷2×2
　=36 (cm²)

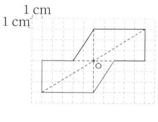

6 점대칭도형을 완성하면 밑변
　이 모눈 4칸, 높이가 모눈 10
　칸인 평행사변형이 됩니다.
　모눈 한 칸의 한 변의 길이를
　□ cm라 하면
　4×□×10×□=360, 40×□×□=360,
　□×□=9이고, 3×3=9이므로 모눈 한 칸의 한 변의
　길이는 3 cm입니다.

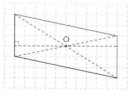

7 ❶ 점 ㅇ을 대칭의 중심으로 하는 점대칭도형을 그립
　니다.
❷ 각각의 대응점에서 대칭의 중심까지의 거리는 서로
　같으므로
　(선분 ㄹㅇ)=(선분 ㄷㅇ)=2 cm
　⇨ (변 ㅁㄹ)=7−2−2=3 (cm)
❸ 직사각형은 마주 보는 변의 길이가 같으므로
　(변 ㄱㅁ)=(변 ㄴㄷ)=8 cm
　⇨ (완성한 점대칭도형의 둘레)
　　=8+7+8+3+8+7+8+3
　　=52 (cm)

8 대응점에서 대칭의 중심까지의 거리는 서로 같으므로

(선분 ㄷㅇ)=(선분 ㄹㅇ)=3 cm

정삼각형의 세 변의 길이는 모두 같으므로

(변 ㄱㄷ)=(선분 ㄴㄷ)=(변 ㄱㄴ)=10 cm,

(변 ㄴㄹ)=10−3−3=4 (cm)

⇨ (완성한 점대칭도형의 둘레)
   =10+4+10+10+4+10
   =48 (cm)

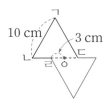
10 cm 3 cm

9 (변 ㄴㅁ)=□ cm라 하면 점대칭도형의 둘레가 48 cm이므로

(9+6+□+5)×2=48,

9+6+□+5=24, □=4

⇨ (선분 ㅁㅇ)=7−4=3 (cm)

대응점에서 대칭의 중심까지의 거리는 서로 같으므로

(선분 ㅇㄷ)=(선분 ㅇㅁ)=3 cm입니다.

9 cm 6 cm 7 cm 5 cm

유형 **04** 합동인 도형 찾기

72쪽	**1** ❶1쌍 ❷2쌍 ❸3쌍 目3쌍
	2 4쌍 **3** 4쌍
73쪽	**4** ❶1개의 삼각형으로 이루어진 서로 합동인 삼각형: 2쌍
	2개의 삼각형으로 이루어진 서로 합동인 삼각형: 1쌍
	3개의 삼각형으로 이루어진 서로 합동인 삼각형: 1쌍
	❷4쌍 目4쌍
	5 9쌍 **6** 4쌍
74쪽	**7** ❶ ❷65° ❸65° 目65°
	8 105° **9** 70°

7번 도형: 50° / 65°

1 ❶ 1개의 삼각형으로 이루어진 서로 합동인 삼각형:
삼각형 ㄹㄴㅂ과 삼각형 ㅁㄷㅂ ⇨ 1쌍

❷ 2개의 삼각형으로 이루어진 서로 합동인 삼각형:
삼각형 ㄱㄴㅁ과 삼각형 ㄱㄷㄹ,
삼각형 ㄹㄴㄷ과 삼각형 ㅁㄷㄴ ⇨ 2쌍

❸ 정삼각형 ㄱㄴㄷ에서 찾을 수 있는 서로 합동인 삼각형은 모두 1+2=3(쌍)입니다.

---

2 • 1개의 삼각형으로 이루어진 서로 합동인 삼각형: (①, ③), (②, ④)
⇨ 2쌍

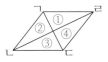

• 2개의 삼각형으로 이루어진 서로 합동인 삼각형:
(①+②, ③+④), (①+④, ②+③) ⇨ 2쌍

⇨ 서로 합동인 삼각형은 모두 2+2=4(쌍)입니다.

3 • 1개의 삼각형으로 이루어진 서로 합동인 삼각형:
(①, ②), (④, ⑤) ⇨ 2쌍

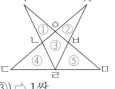

• 2개의 삼각형으로 이루어진 서로 합동인 삼각형: (①+③, ②+③) ⇨ 1쌍

• 3개의 도형으로 이루어진 서로 합동인 삼각형:
(①+③+⑤, ②+③+④) ⇨ 1쌍

⇨ 서로 합동인 삼각형은 모두 2+1+1=4(쌍)입니다.

4 ❶ • 1개의 삼각형으로 이루어진 서로 합동인 삼각형:
삼각형 ㄱㄴㄹ과 삼각형 ㄱㄷㅂ,
삼각형 ㄱㄹㅁ과 삼각형 ㄱㅂㅁ ⇨ 2쌍

• 2개의 삼각형으로 이루어진 서로 합동인 삼각형:
삼각형 ㄱㄴㅁ과 삼각형 ㄱㄷㅁ ⇨ 1쌍

• 3개의 삼각형으로 이루어진 서로 합동인 삼각형:
삼각형 ㄱㄴㅂ과 삼각형 ㄱㄷㄹ ⇨ 1쌍

❷ 서로 합동인 삼각형은 모두 2+1+1=4(쌍)입니다.

5 • 1개의 삼각형으로 이루어진 서로 합동인 삼각형:
(①, ⑥), (②, ⑤), (③, ④) ⇨ 3쌍

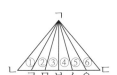

• 2개의 삼각형으로 이루어진 서로 합동인 삼각형:
(①+②, ⑤+⑥), (②+③, ④+⑤) ⇨ 2쌍

• 3개의 삼각형으로 이루어진 서로 합동인 삼각형:
(①+②+③, ④+⑤+⑥),
(②+③+④, ③+④+⑤) ⇨ 2쌍

• 4개의 삼각형으로 이루어진 서로 합동인 삼각형:
(①+②+③+④, ③+④+⑤+⑥) ⇨ 1쌍

• 5개의 삼각형으로 이루어진 서로 합동인 삼각형:
(①+②+③+④+⑤, ②+③+④+⑤+⑥) ⇨ 1쌍

⇨ 서로 합동인 삼각형은 모두 3+2+2+1+1=9(쌍)입니다.

6 • 1개의 삼각형으로 이루어진 서로 합동인 삼각형: (①, ③) ⇨ 1쌍

• 2개의 삼각형으로 이루어진 서로 합동인 삼각형: (①+②, ②+③),
(①+④, ③+⑥) ⇨ 2쌍

• 4개의 삼각형으로 이루어진 서로 합동인 삼각형:
(①+②+④+⑤, ②+③+⑤+⑥) ⇨ 1쌍

⇨ 서로 합동인 삼각형은 모두 1+2+1=4(쌍)입니다.

7 ❶ 평행사변형에서 한 대각선이 다른 대각선을 반으로 나누므로
(선분 ㄱㅁ)=(선분 ㄷㅁ), (선분 ㄹㅁ)=(선분 ㄴㅁ)
마주 보는 변의 길이가 같으므로
(변 ㄱㄹ)=(변 ㄷㄴ), (변 ㄱㄴ)=(변 ㄷㄹ)
❷ 삼각형 ㄱㅁㄹ과 삼각형 ㄷㅁㄴ은 서로 합동입니다.
대응각의 크기는 서로 같으므로
(각 ㄹㄱㅁ)=(각 ㄴㄷㅁ)=65°
❸ 삼각형 ㄱㅁㄹ에서
(각 ㄱㅁㄹ)=180°−65°−50°=65°입니다.

8 평행사변형에서 한 대각선이 다른 대각선을 반으로 나누므로
(선분 ㄱㅁ)=(선분 ㄷㅁ), (선분 ㄹㅁ)=(선분 ㄴㅁ)
마주 보는 변의 길이가 같으므로 (변 ㄱㄹ)=(변 ㄷㄴ),
(변 ㄱㄴ)=(변 ㄷㄹ)
삼각형 ㄱㄴㅁ과 삼각형 ㄷㄹㅁ은 서로 합동입니다.
대응각의 크기는 서로 같으므로
(각 ㄴㄱㅁ)=(각 ㄹㄷㅁ)=45°
삼각형 ㄱㄴㅁ에서
(각 ㄱㅁㄴ)=180°−30°−45°=105°

9 평행사변형에서 마주 보는 변의 길이가 같으므로
(변 ㄱㄴ)=(변 ㄷㄹ)
한 대각선이 다른 대각선을 반으로 나누므로
(선분 ㄴㅁ)=(선분 ㄹㅁ), (선분 ㄱㅁ)=(선분 ㄷㅁ)
삼각형 ㄱㄴㅁ과 삼각형 ㄷㄹㅁ은 서로 합동입니다.
대응각의 크기는 서로 같으므로
(각 ㄹㄷㅁ)=(각 ㄴㄱㅁ)=40°
삼각형 ㄹㅁㄷ은 이등변삼각형이므로
(각 ㅁㄹㄷ)=(180°−40°)÷2=70°

유형 **05** 접은 종이

75쪽	**1** ❶ 51°	❷ 129°	❸ 51°	탑 51°
	2 30°		**3** 25°	
76쪽	**4** ❶ 65°			
	❷ (각 ㅁㅂㄹ)=70°, (각 ㄹㅁㅂ)=45°			
	❸ 90° 탑 90°			
	5 40°		**6** 107°	
77쪽	**7** ❶ 삼각형 ㄷㅂㅁ	❷ 8 cm	❸ 32 cm²	
	탑 32 cm²			
	8 125 cm²		**9** 10 cm	

---

1 ❶ 접은 사각형 ㅁㅅㅇㅈ과 접기 전 사각형 ㅁㄹㄷㅈ은 서로 합동입니다.
합동인 사각형의 대응각의 크기는 서로 같으므로
(각 ㅈㅁㄹ)=(각 ㅈㅁㅅ)=51°
❷ 사각형 ㅁㄹㄷㅈ의 네 각의 크기의 합은 360°이므로
(각 ㅁㅈㄷ)=360°−51°−90°−90°=129°
❸ 한 직선이 이루는 각의 크기는 180°이므로
(각 ㅁㅈㅂ)=180°−129°=51°

2 접은 삼각형 ㅁㄴㅂ과 접기 전 삼각형 ㄷㄴㅂ은 서로 합동입니다.
합동인 삼각형의 대응각의 크기는 서로 같으므로
(각 ㄷㄴㅂ)=(각 ㅁㄴㅂ)=15°
➡ (각 ㄱㄴㅁ)=90°−15°−15°=60°
삼각형 ㄱㄴㅁ의 세 각의 크기의 합은 180°이므로
(각 ㄱㅁㄴ)=180°−90°−60°=30°

3 접은 삼각형 ㅁㄴㄹ과 접기 전 삼각형 ㄷㄴㄹ은 서로 합동입니다.
합동인 삼각형의 대응각의 크기는 서로 같으므로
(각 ㄷㄴㄹ)=(각 ㅁㄴㄹ)=25°
삼각형 ㄴㄷㄹ에서 (각 ㄴㄹㄷ)=180°−90°−25°=65°
➡ (각 ㅂㄹㄴ)=90°−65°=25°

4 ❶ 접은 삼각형 ㅁㄹㅂ과 접기 전 삼각형 ㅁㄱㅂ은 서로 합동이고 대응각의 크기는 서로 같으므로
(각 ㅁㄹㅂ)=(각 ㅁㄱㅂ)=65°
❷ 합동인 삼각형의 대응각의 크기는 서로 같으므로
(각 ㅁㅂㄹ)=(각 ㅁㅂㄱ)=(180°−40°)÷2=70°
삼각형 ㅁㄹㅂ의 세 각의 크기의 합은 180°이므로
(각 ㄹㅁㅂ)=180°−65°−70°=45°
❸ 한 직선이 이루는 각의 크기는 180°이고 각 ㄹㅁㅂ과 각 ㄱㅁㅂ은 대응각으로 크기가 서로 같으므로
(각 ㄴㅁㄹ)=180°−45°−45°=90°입니다.

5 접은 삼각형 ㄹㅁㅂ과 접기 전 삼각형 ㄹㅁㄴ은 서로 합동이므로 대응각의 크기는 서로 같습니다.
한 직선이 이루는 각의 크기는 180°이므로
(각 ㄴㅁㄹ)=(각 ㅂㅁㄹ)=(180°−30°)÷2=75°
➡ 삼각형 ㄹㄴㅁ에서
(각 ㄴㄹㅁ)=180°−35°−75°=70°
따라서 (각 ㅂㄹㅁ)=(각 ㄴㄹㅁ)=70°이므로
(각 ㄱㄹㅂ)=180°−70°−70°=40°입니다.

6 삼각형 ㄱㄴㄷ이 이등변삼각형이므로
(각 ㄴㅁㄹ)=(각 ㄴㄷㄱ)=(각 ㄴㄱㄷ)=25°입니다.
삼각형 ㄱㄴㄷ에서 (각 ㄱㄴㄷ)=180°−25°−25°=130°
입니다.
접은 삼각형 ㅁㄴㄹ과 접기 전 삼각형 ㄷㄴㄹ은 서로 합
동입니다.
합동인 삼각형의 대응각의 크기는 서로 같으므로
(각 ㅁㄴㄹ)=(각 ㄷㄴㄹ)=(130°−34°)÷2=48°
⇨ 삼각형 ㅁㄴㄹ에서
(각 ㄴㄹㅁ)=180°−48°−25°=107°입니다.

7 ❶ 삼각형 ㄷㄹㄱ과 삼각형 ㄷㅂㄱ은 서로 합동
삼각형 ㄱㄴㄷ과 삼각형 ㄷㄹㄱ은 서로 합동
⇨ 삼각형 ㄱㄴㄷ과 삼각형 ㄷㅂㄱ은 서로 합동
삼각형 ㄱㅁㄷ이 공통이므로
삼각형 ㄱㄴㅁ과 삼각형 ㄷㅂㅁ은 서로 합동입니다.
❷ 삼각형 ㄱㄴㅁ과 삼각형 ㄷㅂㅁ이 서로 합동이므로
대응변의 길이는 서로 같습니다.
(변 ㄴㅁ)=(변 ㅂㅁ)=3 cm
⇨ (선분 ㄴㄷ)=3+5=8 (cm)
❸ (변 ㄱㄴ)=(변 ㅂㄷ)=4 cm
⇨ (직사각형 ㄱㄴㄷㄹ의 넓이)=8×4=32 (cm²)

8 삼각형 ㅂㄱㄷ과 삼각형 ㄹㄷㄱ은 서로 합동이고 삼각형
ㄱㅁㄷ이 공통이므로 삼각형 ㅂㄱㅁ과 삼각형 ㄹㄷㅁ도
서로 합동입니다.
합동인 삼각형의 대응변의 길이는 서로 같으므로
(변 ㅁㄹ)=(변 ㅁㅂ)=12 cm,
(선분 ㄱㄹ)=13+12=25 (cm),
(변 ㄹㄷ)=(변 ㅂㄱ)=5 cm
⇨ (직사각형 ㄱㄴㄷㄹ의 넓이)=25×5=125 (cm²)

9 삼각형 ㄱㄴㅁ과 삼각형 ㅁㄹㄱ은 서로 합동이고 삼각형
ㄱㄷㅁ이 공통이므로 삼각형 ㄱㄴㄷ과 삼각형 ㅁㄹㄷ은
서로 합동입니다.
합동인 삼각형의 대응변의 길이는 서로 같으므로
(변 ㄴㄷ)=(변 ㄹㄷ)=6 cm,
(변 ㄱㄴ)=(변 ㅁㄹ)=8 cm
(선분 ㄴㅁ)=(직사각형의 넓이)÷(변 ㄱㄴ)
=128÷8=16 (cm)
⇨ (선분 ㄷㅁ)=(선분 ㄴㅁ)−(변 ㄴㄷ)
=16−6=10 (cm)

01 선대칭도형에서 대응변의 길이는 서로 같으므로
(변 ㄱㅁ)=(변 ㄱㄴ)=9 cm,
(변 ㄷㅂ)=(변 ㄹㅂ)=6 cm
도형의 둘레가 44 cm이므로
(변 ㄴㄷ)+(변 ㅁㄹ)=44−(9+9+6+6)
=14 (cm)
⇨ 대응변의 길이가 서로 같으므로
(변 ㄴㄷ)=(변 ㅁㄹ)=14÷2=7 (cm)

02 선대칭도형에서 대응점끼리 이은 선분은 대칭축과 서
로 수직으로 만나므로 (각 ㄴㅁㄱ)=90°
삼각형 ㄴㄷㅁ에서
(각 ㄴㄷㅁ)=180°−(45°+90°)=45°
삼각형 ㄴㄷㅁ은 이등변삼각형이므로
(선분 ㄴㅁ)=(선분 ㄷㅁ)=8 cm입니다.
대칭축은 대응점끼리 이은 선분을 둘로 똑같이 나누므
로 (선분 ㄴㄹ)=8+8=16 (cm)입니다.

03
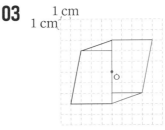
(완성한 점대칭도형의 넓이)
=(삼각형의 넓이)×2+(사다리꼴의 넓이)×2
=3×1×$\frac{1}{2}$×2+(3+4)×5×$\frac{1}{2}$×2
=3+35=38 (cm²)

04 합동인 삼각형의 대응변의 길이는 서로 같으므로
(변 ㄴㄷ)=(변 ㄹㅁ)=14 cm,
(변 ㄷㄹ)=(변 ㄱㄴ)=12 cm
⇨ (변 ㄴㄹ)=14+12=26 (cm)

사각형 ㄱㄴㄹㅁ은 윗변의 길이가 12 cm, 아랫변의 길이가 14 cm, 높이가 26 cm인 사다리꼴이므로
(사각형 ㄱㄴㄹㅁ의 넓이)=(12+14)×26÷2
$$=338\,(cm^2)$$

05 점대칭도형은 각각의 대응점에서 대칭의 중심까지의 거리가 서로 같으므로
(선분 ㄷㅇ)=(선분 ㅂㅇ)=8 cm,
(선분 ㅁㅂ)=36−8−8=20 (cm)
(선분 ㄴㄷ)=(선분 ㅁㅂ)=20 cm
⇨ (선분 ㄴㅁ)=(선분 ㄴㄷ)+(선분 ㄷㅁ)
$$=20+36=56\,(cm)$$

06 점대칭도형은 대응각의 크기가 서로 같으므로
(각 ㄴㅇㄷ)=(각 ㄹㅇㄱ)=30°
선분 ㅇㄴ과 선분 ㅇㄷ은 원의 반지름이므로 길이가 모두 같습니다.
⇨ (선분 ㅇㄴ)=(선분 ㅇㄷ)이므로 삼각형 ㅇㄴㄷ은 이등변삼각형입니다.
(각 ㅇㄴㄷ)=(각 ㅇㄷㄴ)=(180°−30°)÷2=75°

07 평행사변형에서 한 대각선이 다른 대각선을 반으로 나누므로
(선분 ㄱㅁ)=(선분 ㄷㅁ), (선분 ㄹㅁ)=(선분 ㄴㅁ)
마주 보는 변의 길이가 같으므로
(변 ㄱㄹ)=(변 ㄷㄴ), (변 ㄱㄴ)=(변 ㄷㄹ)
삼각형 ㄱㅁㄹ과 삼각형 ㄷㅁㄴ은 서로 합동이므로
(각 ㅁㄱㄹ)=(각 ㅁㄷㄴ)=40°
(각 ㄱㅁㄹ)=180°−(40°+55°)=85°입니다.
한 직선이 이루는 각의 크기는 180°이므로
(각 ㄹㅁㄷ)=180°−85°=95°

08 삼각형 ㄹㄴㅁ과 삼각형 ㅂㅁㄷ이 서로 합동이므로
(각 ㄹㅁㄴ)=(각 ㅂㄷㅁ)=60°입니다.
따라서 (각 ㄹㅁㄷ)=180°−60°=120°입니다.

다른 풀이
삼각형 ㄱㄴㄷ에서
(각 ㄴㄱㄷ)=180°−(50°+60°)=70°입니다.
삼각형 ㄱㄹㅂ, 삼각형 ㄹㄴㅁ, 삼각형 ㅁㅂㄹ, 삼각형 ㅂㅁㄷ은 서로 합동이므로
(각 ㄹㅁㅂ)=(각 ㅂㄱㄹ)=70°,
(각 ㅂㅁㄷ)=(각 ㄹㄴㅁ)=50°
⇨ (각 ㄹㅁㄷ)=70°+50°=120°

09 대응각의 크기는 서로 같으므로
(각 ㄴㄱㄷ)=(각 ㄷㄹㄴ)=50°
삼각형 ㄱㄴㄷ에서
(각 ㄱㄷㄴ)=180°−50°−100°=30°
(각 ㄹㄴㄷ)=(각 ㄱㄷㄴ)=30°
(각 ㄱㄴㅁ)=100°−30°=70°
삼각형 ㄱㄴㅁ에서
(각 ㄱㅁㄴ)=180°−50°−70°=60°
⇨ 한 직선이 이루는 각의 크기는 180°이므로
(각 ㄱㅁㄹ)=180°−60°=120°

10 접은 삼각형 ㄱㅁㅂ과 접기 전 삼각형 ㄱㄹㅂ은 서로 합동입니다.
(각 ㅁㄱㅂ)=(각 ㄹㄱㅂ)=(90°−38°)÷2
$$=52°÷2=26°$$
삼각형 ㄱㅁㅂ에서
(각 ㄱㅂㅁ)=180°−26°−90°=64°
(각 ㄱㅂㄹ)=(각 ㄱㅂㅁ)=64°이고 한 직선이 이루는 각의 크기는 180°이므로
(각 ㅁㅂㄷ)=180°−64°−64°=52°

11 삼각형 ㄱㄴㄷ과 삼각형 ㄱㄹㄷ은 서로 합동이므로
(각 ㄹㄱㄷ)=(각 ㄴㄱㄷ)=44°,
(각 ㄱㄷㄹ)=(각 ㄱㄷㄴ)=180°÷2=90°입니다.
삼각형 ㄱㄹㅁ에서
(각 ㄱㅁㄹ)=180°−44°−15°−90°=31°입니다.

12 사각형 ㄱㄴㄷㅁ과 사각형 ㄱㄷㄹㅁ은 네 변의 길이가 모두 같으므로 마름모입니다.
마름모에 대각선을 그어서 나누어진 4개의 삼각형은 서로 합동입니다.
삼각형 ㄱㄴㅂ과 서로 합동인 삼각형은
삼각형 ㄷㄴㅂ, 삼각형 ㄷㅁㅂ, 삼각형 ㄱㅁㅂ,
삼각형 ㄷㄱㅅ, 삼각형 ㅁㄱㅅ, 삼각형 ㅁㄹㅅ,
삼각형 ㄷㄹㅅ으로 모두 7개입니다.

4 소수의 곱셈

	유형 01 소수의 곱셈의 활용	
84쪽	❶ 1.4 L ❷ 7 L 답 7 L	
	2 15.5 L	3 16.1 L
85쪽	4 ❶ 9 L ❷ 6 L 답 6 L	
	5 0.4 m	6 0.54 kg
86쪽	7 ❶ 45 kg ❷ 63 kg 답 63 kg	
	8 158.4 cm	9 9.45 kg

1 ❶ 한 번 마실 때 0.35 L씩 하루에 4번 마시므로
(하루에 마신 물의 양)=0.35×4=1.4 (L)
❷ (5일 동안 마신 물의 양)=1.4×5=7 (L)

2 (하루에 마시는 주스의 양)=0.25×2=0.5 (L)
5월은 31일까지 있으므로
(5월 한 달 동안 마시는 주스의 양)
=0.5×31=15.5 (L)

다른 풀이
(5월 한 달 동안 마시는 횟수)=(하루에 2번씩 31일)
=2×31=62(번)
(5월 한 달 동안 마시는 주스의 양)=(0.25 L씩 62번)
=0.25×62=15.5 (L)

3 1주일은 7일이므로 2주일은 14일입니다.
(지훈이가 2주일 동안 마시는 우유의 양)
=0.6×14=8.4 (L)
(주아가 2주일 동안 마시는 우유의 양)
=0.55×14=7.7 (L)
➡ (지훈이와 주아가 2주일 동안 마시는 우유의 양)
=8.4+7.7=16.1 (L)

다른 풀이
(지훈이와 주아가 하루에 마시는 우유의 양)
=0.6+0.55=1.15 (L)
2주일은 14일이므로
(지훈이와 주아가 2주일 동안 마시는 우유의 양)
=1.15×14=16.1 (L)

4 ❶ (물병 6개에 담은 물의 양)=1.5×6=9 (L)
❷ (수조에 남은 물의 양)=15-9=6 (L)

5 (8명에게 나누어 준 리본의 길이)=0.35×8=2.8 (m)
➡ (남은 리본의 길이)=3.2-2.8=0.4 (m)

6 (지난주에 사용한 설탕의 양)=0.24×4=0.96 (kg)
(이번 주에 사용한 설탕의 양)=0.3×5=1.5 (kg)
➡ (지난주와 이번 주에 사용하고 남은 설탕의 양)
=3-0.96-1.5=0.54 (kg)

7 ❶ (도현이의 몸무게)=(아버지의 몸무게)×0.6
=75×0.6=45 (kg)
❷ (어머니의 몸무게)=(도현이의 몸무게)×1.4
=45×1.4=63 (kg)

8 (동생의 키)=(어머니의 키)×0.8
=165×0.8=132 (cm)
➡ (유진이의 키)=(동생의 키)×1.2
=132×1.2=158.4 (cm)

9 (오늘 사용한 밀가루의 양)
=(어제 사용한 밀가루의 양)×0.75
=5.4×0.75=4.05 (kg)
➡ (어제와 오늘 사용한 밀가루의 양)
=5.4+4.05=9.45 (kg)

	유형 02 단위 관계를 이용한 활용	
87쪽	1 ❶ 12.7 kg ❷ 127 kg 답 127 kg	
	2 516 g	3 4.86 kg
88쪽	4 ❶ 48.3 m ❷ 241.5 m 답 241.5 m	
	5 12 km	6 57.6 km

1 ❶ 1 m=100 cm이므로
(철근 1 m의 무게)=(철근 100 cm의 무게)
=(철근 10 cm의 무게)×10
=1.27×10=12.7 (kg)
❷ (철근 10 m의 무게)=12.7×10=127 (kg)

2 1 m=100 cm입니다.
(리본 1 m의 무게)=(리본 100 cm의 무게)
=(리본 1 cm의 무게)×100
=0.516×100=51.6 (g)
➡ (리본 10 m의 무게)=51.6×10=516 (g)

3 1 m=100 cm입니다.

(돌기둥 1 m의 무게)=16.2×0.1
=1.62 (t) → 1620 kg

(돌기둥 1 cm의 무게)=1620×0.01=16.2 (kg)

(돌기둥 0.3 cm의 무게)=16.2×0.3
=4.86 (kg)

4 ❶ 1분=60초입니다.

(1분 동안 걷는 거리)
=(60초 동안 걷는 거리)
=(10초 동안 걷는 거리)×6
=8.05×6=48.3 (m)

❷ (5분 동안 걷는 거리)=48.3×5=241.5 (m)

5 1분=60초입니다.

(1분 동안 가는 거리)=(60초 동안 가는 거리)
=(15초 동안 가는 거리)×4
=0.1×4=0.4 (km)

⇨ (30분 동안 가는 거리)=0.4×30=12 (km)

6 1분=60초, 1시간=60분, 1000 m=1 km입니다.

(1분 동안 달리는 거리)=(60초 동안 달리는 거리)
=(20초 동안 달리는 거리)×3
=0.16×3=0.48 (km)

2시간=120분이므로

(2시간 동안 달리는 거리)=0.48×120=57.6 (km)

유형 03 다각형의 넓이 구하기

89쪽	**1**	❶ 23.94 cm²	❷ 17.64 cm²
		❸ 41.58 cm²	目 41.58 cm²
	2	36.018 cm²	**3** 25 m²
90쪽	**4**	❶ 7.8 cm ❷ 4.5 cm	❸ 35.1 cm²
		目 35.1 cm²	
	5	50.688 cm²	**6** 25.41 m²
91쪽	**7**	❶ 46.5 cm²	❷ 111 cm²
		❸ 157.5 cm²	目 157.5 cm²
	8	58.71 cm²	**9** 84.55 cm²

---

1 ❶ (평행사변형의 넓이)=(밑변의 길이)×(높이)
=6.3×3.8=23.94 (cm²)

❷ (정사각형의 넓이)=(한 변의 길이)×(한 변의 길이)
=4.2×4.2=17.64 (cm²)

❸ (평행사변형과 정사각형의 넓이의 합)
=23.94+17.64=41.58 (cm²)

2 (마름모의 넓이)
=(한 대각선의 길이)×(다른 대각선의 길이)÷2
=8×5.5÷2=22 (cm²)

(직사각형의 넓이)=(가로)×(세로)
=4.3×3.26=14.018 (cm²)

⇨ (마름모와 직사각형의 넓이의 합)
=22+14.018=36.018 (cm²)

3 (사다리꼴의 넓이)=((윗변)+(아랫변))×(높이)÷2
=(7.28+14.72)×8÷2=88 (m²)

(삼각형의 넓이)=12×10.5÷2=63 (m²)

⇨ (사다리꼴과 삼각형의 넓이의 차)
=88-63=25 (m²)

4 ❶ (늘어난 부분의 길이)=6×0.3=1.8 (cm)
(새로 그린 직사각형의 가로)=6+1.8=7.8 (cm)

❷ (줄어든 부분의 길이)=6×0.25=1.5 (cm)
(새로 그린 직사각형의 세로)=6-1.5=4.5 (cm)

❸ (새로 그린 직사각형의 넓이)
=(가로)×(세로)
=7.8×4.5=35.1 (cm²)

5 가로는 (8×0.2) cm만큼 늘어나므로

(새로 그린 직사각형의 가로)
=8+8×0.2=8+1.6=9.6 (cm)

세로는 (8×0.34) cm만큼 줄어들므로

(새로 그린 직사각형의 세로)
=8-8×0.34=8-2.72=5.28 (cm)

⇨ (새로 그린 직사각형의 넓이)
=9.6×5.28=50.688 (cm²)

다른 풀이

가로를 0.2배만큼 늘이면 처음 가로의 1+0.2=1.2(배)가 되므로 (새로 그린 직사각형의 가로)=8×1.2=9.6 (cm), 세로를 0.34배만큼 줄이면 처음 세로의 1-0.34=0.66(배)가 되므로 (새로 그린 직사각형의 세로)=8×0.66=5.28 (cm)

⇨ (새로 그린 직사각형의 넓이)=9.6×5.28
=50.688 (cm²)

6 (처음 밭의 넓이)$=5\times5=25\,(\text{m}^2)$
(새로 늘인 밭의 한 변의 길이)$=5\times1.42=7.1\,(\text{m})$
(새로 늘인 밭의 넓이)$=7.1\times7.1=50.41\,(\text{m}^2)$
따라서 밭의 넓이는 처음보다 $50.41-25=25.41\,(\text{m}^2)$
늘어납니다.

7 ❶ (삼각형 ㄱㄴㅁ의 넓이)
$\quad=15\times6.2\div2=46.5\,(\text{cm}^2)$
❷ (직사각형 ㄴㄷㄹㅁ의 넓이)
$\quad=15\times7.4=111\,(\text{cm}^2)$
❸ (도형의 넓이)
$\quad=$(삼각형의 넓이)$+$(직사각형의 넓이)
$\quad=46.5+111=157.5\,(\text{cm}^2)$

8 (색칠한 부분의 넓이)
$\quad=$(평행사변형의 넓이)$-$(직사각형의 넓이)
$\quad=(14.6\times5.15)-(3.2\times5.15)$
$\quad=75.19-16.48=58.71\,(\text{cm}^2)$

다른 풀이
색칠한 부분을 이어 붙이면
밑변의 길이가
$14.6-3.2=11.4\,(\text{cm})$,
높이가 $5.15\,\text{cm}$인 평행사변형이 됩니다.
$\Rightarrow$ (색칠한 부분의 넓이)$=11.4\times5.15=58.71\,(\text{cm}^2)$

9 큰 직사각형의 넓이에서 색칠
하지 않은 작은 직사각형의 넓
이를 뺍니다.
(도형의 넓이)
$\quad=$(큰 직사각형의 넓이)
$\quad\quad-$(색칠하지 않은 작은 직사각형의 넓이)
$\quad=(12.3\times8.5)-(5\times4)$
$\quad=104.55-20=84.55\,(\text{cm}^2)$

다른 풀이

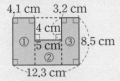

(①의 넓이)$=4.1\times8.5=34.85\,(\text{cm}^2)$
(②의 넓이)$=5\times(8.5-4)=5\times4.5=22.5\,(\text{cm}^2)$
(③의 넓이)$=3.2\times8.5=27.2\,(\text{cm}^2)$
$\Rightarrow$ (도형의 넓이)$=$①$+$②$+$③
$\quad\quad\quad\quad\quad=34.85+22.5+27.2=84.55\,(\text{cm}^2)$

유형 04 소수의 곱셈에서 크기 비교

92쪽	**1** ❶ 4.108, 4.108　❷ 5, 6, 7, 8
	답 5, 6, 7, 8
	2 25, 26, 27　　　　**3** 40개
93쪽	**4** ❶ 8.64<8.■7　❷ 6, 7, 8, 9
	답 6, 7, 8, 9
	5 4, 5, 6, 7, 8, 9　　**6** 0, 1, 2, 3

1 ❷ ■는 4.108보다 크고 8.245보다 작은 수이므로
■에 들어갈 수 있는 자연수는 $5, 6, 7, 8$입니다.

2 $6.5\times4.2=27.3$
$24.37<\square<6.5\times4.2\Rightarrow24.37<\square<27.3$

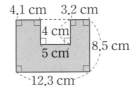

따라서 $\square$ 안에 들어갈 수 있는 자연수는 $25, 26, 27$입
니다.

3 $5.3\times12=63.6$, $16\times6.5=104$
$5.3\times12<\square<16\times6.5\Rightarrow63.6<\square<104$

따라서 $\square$ 안에 들어갈 수 있는 자연수는 64부터 103까
지의 수이므로 모두 $103-63=40$(개)입니다.

참고
■, ▲가 자연수일 때 ■부터 ▲까지의 자연수의 개수
$\Rightarrow$ ■$-$▲$+1$(개)
$\Rightarrow$ ■$-$(▲-1)(개)

4 ❶ $3.2\times2.7=8.64$이므로 $8.64<8.■7$
❷ $8.64<8.■7$에서 자연수 부분이 같고, 소수 둘째 자
리 수를 비교하면 $4<7$이므로 ■에 들어갈 수 있는
수는 6과 같거나 6보다 커야 합니다.
따라서 ■에 늘어갈 수 있는 수는 $6, 7, 8, 9$입니다.

5 $5.4\times3.6=19.44$이므로 $19.\square6>19.44$
자연수 부분이 같고, 소수 둘째 자리 수를 비교하면
$6>4$이므로 $\square$ 안에 들어갈 수 있는 수는 4와 같거나
4보다 커야 합니다.
따라서 $\square$ 안에 들어갈 수 있는 수는 $4, 5, 6, 7, 8, 9$입
니다.

6 $1.7 \times 2.5 \times 3.4 = 14.45$이므로 $14.45 > 14.\square 7$
자연수 부분이 같고, 소수 둘째 자리 수를 비교하면
$5 < 7$이므로 $\square$ 안에 들어갈 수 있는 수는 4보다 작아야
합니다.
따라서 $\square$ 안에 들어갈 수 있는 수는 0, 1, 2, 3입니다.

---

1 ❶ $41.26 \times \bigcirc = 412.6$에서 41.26의 소수점을 오른쪽으로 한 자리 옮기면 412.6이 되므로 10배 한 수입니다. ➪ $\bigcirc = 10$

❷ $412.6 \times \bigcirc = 4.126$에서 412.6의 소수점을 왼쪽으로 두 자리 옮기면 4.126이 되므로 0.01배 한 수입니다. ➪ $\bigcirc = 0.01$

❸ $\bigcirc$ 0.01의 소수점을 오른쪽으로 세 자리 옮기면 $\bigcirc$ 10이 되므로 $\bigcirc$은 $\bigcirc$의 1000배입니다.

2 $5.78 \times \bigcirc = 578$에서 5.78의 소수점을 오른쪽으로 두 자리 옮기면 578이 되므로 100배 한 수입니다.
➪ $\bigcirc = 100$
$57.8 \times \bigcirc = 5.78$에서 57.8의 소수점을 왼쪽으로 한 자리 옮기면 5.78이 되므로 0.1배 한 수입니다.
➪ $\bigcirc = 0.1$
$\bigcirc$ 0.1의 소수점을 오른쪽으로 세 자리 옮기면 $\bigcirc$ 100이 되므로 $\bigcirc$은 $\bigcirc$의 1000배입니다.

3 $\bigcirc \times 2.9 = 0.29$에서 2.9의 소수점을 왼쪽으로 한 자리 옮기면 0.29가 되므로 0.1배 한 수입니다. ➪ $\bigcirc = 0.1$
$3.4 \times \bigcirc = 34$에서 3.4의 소수점을 오른쪽으로 한 자리 옮기면 34가 되므로 10배 한 수입니다. ➪ $\bigcirc = 10$
$\bigcirc$ 10의 소수점을 왼쪽으로 두 자리 옮기면 $\bigcirc$ 0.1이 되므로 $\bigcirc$은 $\bigcirc$의 0.01배입니다.

4 ❶ $1.7 \times 0.46 = 0.782$
❷ $1.7 \times 0.46 = \blacksquare \times 0.01$ ➪ $\blacksquare \times 0.01 = 0.782$
❸ $\blacksquare$의 소수점을 왼쪽으로 두 자리 옮겨서 0.782가 되었으므로 $\blacksquare$는 0.782의 소수점을 오른쪽으로 두 자리 옮긴 수입니다.
➪ $\blacksquare$는 0.782를 100배 한 수이므로 78.2입니다.

---

5 $1.46 \times 3.5 = 5.11$
어떤 수를 $\square$라 하면 $\square \times 0.1 = 5.11$입니다.
$\square$의 소수점을 왼쪽으로 한 자리 옮겨서 5.11이 되었으므로 $\square$는 5.11의 소수점을 오른쪽으로 한 자리 옮긴 수입니다.
➪ $\square$는 5.11을 10배 한 수이므로 51.1입니다.

6 $2.15 \times 3.4 = 7.31$
어떤 수를 $\square$라 하면 $\square \times 10 = 7.31$입니다.
$\square$의 소수점을 오른쪽으로 한 자리 옮겨서 7.31이 되었으므로 $\square$는 7.31의 소수점을 왼쪽으로 한 자리 옮긴 수입니다.
➪ $\square$는 7.31을 0.1배 한 수이므로 0.731입니다.

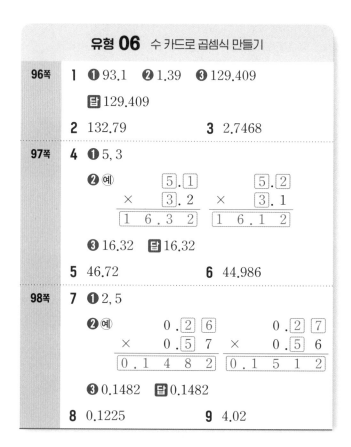

1 ❶ 수 카드 3장으로 만들 수 있는 소수 한 자리 수는 $\square\square.\square$입니다.
$9 > 3 > 1$이므로 만들 수 있는 가장 큰 소수 한 자리 수는 93.1입니다.

❷ 수 카드 3장으로 만들 수 있는 소수 두 자리 수는 $\square.\square\square$입니다.
$1 < 3 < 9$이므로 만들 수 있는 가장 작은 소수 두 자리 수는 1.39입니다.

❸ $93.1 \times 1.39 = 129.409$

2 수 카드 3장으로 만들 수 있는 소수 두 자리 수는 □.□□
입니다.
5>4>2이므로 만들 수 있는 가장 큰 소수 두 자리 수는
5.42입니다.
수 카드 3장으로 만들 수 있는 소수 한 자리 수는 □□.□
입니다.
2<4<5이므로 만들 수 있는 가장 작은 소수 한 자리 수
는 24.5입니다.
⇨ 5.42×24.5=132.79

3 3장의 수 카드로 만들 수 있는 소수 두 자리 수는 □.□□
입니다.
7>6>3>0이므로 만들 수 있는 가장 큰 소수 두 자리
수는 7.63이고, 가장 작은 소수 두 자리 수는 0.36입
니다.
⇨ 7.63×0.36=2.7468

4 ❸ 16.32>16.12이므로 가장 큰 곱은 16.32입니다.

5 곱이 가장 크려면 3<4<6<7이므로 일의 자리에 가장
큰 수와 둘째로 큰 수 7, 6을 놓고, 소수 첫째 자리에 나머
지 수 3, 4를 놓아야 합니다.

$$\begin{array}{r} 7.3 \\ \times\ \ 6.4 \\ \hline 4\,6.7\,2 \end{array} \qquad \begin{array}{r} 7.4 \\ \times\ \ 6.3 \\ \hline 4\,6.6\,2 \end{array}$$

⇨ 46.72>46.62이므로 곱이 가장 클 때의 곱은 46.72
입니다.

6 곱이 가장 크려면 2<3<4<5<8이므로 일의 자리에
가장 큰 수와 둘째로 큰 수 8, 5를 놓고, 소수 첫째 자리에
4, 3을, 소수 둘째 자리에 2를 놓아야 합니다.

$$\begin{array}{r} 8.4\,2 \\ \times\ \ \ 5.3 \\ \hline 4\,4.6\,2\,6 \end{array} \qquad \begin{array}{r} 8.3\,2 \\ \times\ \ \ 5.4 \\ \hline 4\,4.9\,2\,8 \end{array}$$

$$\begin{array}{r} 5.4\,2 \\ \times\ \ \ 8.3 \\ \hline 4\,4.9\,8\,6 \end{array} \qquad \begin{array}{r} 5.3\,2 \\ \times\ \ \ 8.4 \\ \hline 4\,4.6\,8\,8 \end{array}$$

⇨ 44.986>44.928>44.688>44.626이므로 곱이
가장 클 때의 곱은 44.986입니다.

7 ❸ 0.1482<0.1512이므로 가장 작은 곱은 0.1482입
니다.

8 곱이 가장 작으려면 2<4<5<9이므로 소수 첫째 자리
에 가장 작은 수와 둘째로 작은 수인 2, 4를 놓고, 소수 둘
째 자리에 나머지 수 5, 9를 놓아야 합니다.

$$\begin{array}{r} 0.2\,5 \\ \times\ \ 0.4\,9 \\ \hline 0.1\,2\,2\,5 \end{array} \qquad \begin{array}{r} 0.2\,9 \\ \times\ \ 0.4\,5 \\ \hline 0.1\,3\,0\,5 \end{array}$$

⇨ 0.1225<0.1305이므로 곱이 가장 작을 때의 곱은
0.1225입니다.

9 곱이 가장 작으려면 1<2<5<6<8이므로 일의 자리
에 가장 작은 수와 둘째로 작은 수인 1, 2를 놓고, 소수 첫
째 자리에 5, 6을, 소수 둘째 자리에 8을 놓아야 합니다.

$$\begin{array}{r} 1.5\,8 \\ \times\ \ \ 2.6 \\ \hline 4.1\,0\,8 \end{array} \quad \begin{array}{r} 1.6\,8 \\ \times\ \ \ 2.5 \\ \hline 4.2 \end{array} \quad \begin{array}{r} 2.5\,8 \\ \times\ \ \ 1.6 \\ \hline 4.1\,2\,8 \end{array} \quad \begin{array}{r} 2.6\,8 \\ \times\ \ \ 1.5 \\ \hline 4.0\,2 \end{array}$$

⇨ 4.02<4.108<4.128<4.2이므로 곱이 가장 작을
때의 곱은 4.02입니다.

유형 07	시간을 소수로 나타내기		
99쪽	**1** ❶ 3.5시간 ❷ 246.4 km 🔁 246.4 km		
	2 365.4 km	**3** 15.47 L	
100쪽	**4** ❶ 2.25분 ❷ 5번 ❸ 11.25분		
	🔁 11.25분		
	5 29.4분	**6** 47.6분	
101쪽	**7** ❶ 4.3분 ❷ 5.16 cm ❸ 6.34 cm		
	🔁 6.34 cm		
	8 27.15 cm	**9** 15.92 cm	

1 ❶ 1분=$\frac{1}{60}$시간이므로

3시간 30분=$3\frac{30}{60}$시간=$3\frac{5}{10}$시간=3.5시간

❷ (3시간 30분 동안 간 거리)
＝(한 시간 동안 가는 거리)×(간 시간)
＝70.4×3.5=246.4 (km)

2 2시간 15분=$2\frac{15}{60}$시간=$2\frac{25}{100}$시간=2.25시간

⇨ (2시간 15분 동안 간 거리)
＝(한 시간 동안 가는 거리)×(간 시간)
＝162.4×2.25=365.4 (km)

3 1시간 24분=$1\frac{24}{60}$시간=$1\frac{4}{10}$시간=1.4시간

(1시간 24분 동안 간 거리)
＝(한 시간 동안 가는 거리)×(간 시간)
＝85×1.4=119 (km)

⇨ (사용한 휘발유의 양)=0.13×119=15.47 (L)

4 ❶ 1초=$\frac{1}{60}$분이므로 2분 15초를 소수로 나타내면

2분 15초=$2\frac{15}{60}$분=$2\frac{1}{4}$분=$2\frac{25}{100}$분=2.25분

❷ 6도막으로 자르려면 6−1=5(번) 잘라야 합니다.

❸ (6도막으로 자르는 데 걸리는 시간)
＝(한 번 자르는 데 걸리는 시간)×(자르는 횟수)
＝2.25×5=11.25(분)

5 4분 12초$=4\dfrac{12}{60}$분$=4\dfrac{2}{10}$분$=4.2$분

8도막으로 자르려면 $8-1=7$(번) 잘라야 합니다.

(8도막으로 자르는 데 걸리는 시간)

$=4.2\times7=29.4$(분)

6 3분 24초$=3\dfrac{24}{60}$분$=3\dfrac{4}{10}$분$=3.4$분

15도막으로 자르려면 $15-1=14$(번) 잘라야 합니다.

(15도막으로 자르는 데 걸리는 시간)

$=3.4\times14=47.6$(분)

7 ❶ 1초$=\dfrac{1}{60}$분이므로

　　4분 18초$=4\dfrac{18}{60}$분$=4\dfrac{3}{10}$분$=4.3$분

❷ (4분 18초 동안 탄 양초의 길이)

　$=$(1분 동안 타는 양초의 길이)$\times4.3$

　$=1.2\times4.3=5.16$ (cm)

❸ (4분 18초 동안 타고 남은 양초의 길이)

　$=$(처음 양초의 길이)$-$(4분 18초 동안 탄 양초의 길이)

　$=11.5-5.16=6.34$ (cm)

8 2분 30초$=2\dfrac{30}{60}$분$=2\dfrac{5}{10}$분$=2.5$분

(2분 30초 동안 탄 양초의 길이)

$=1.14\times2.5=2.85$ (cm)

⇨ (2분 30초 동안 타고 남은 양초의 길이)

　$=$(처음 양초의 길이)$-$(2분 30초 동안 탄 양초의 길이)

　$=30-2.85=27.15$ (cm)

9 3분 12초$=3\dfrac{12}{60}$분$=3\dfrac{2}{10}$분$=3.2$분

(3분 12초 동안 탄 양초의 길이)$=1.6\times3.2=5.12$ (cm)

따라서 불을 붙이기 전 양초의 길이는

$10.8+5.12=15.92$ (cm)입니다.

유형 **08** 실생활에서의 활용

102쪽	**1**	❶ 12.6 m	❷ 8.82 m	❸ 6.174 m
		🖪 6.174 m		
	2	6.48 m		**3** 11.6 m
103쪽	**4**	❶ 2380 g	❷ 2.38 kg	❸ 7140원
		🖪 7140원		
	5	2970원		**6** 6720원
104쪽	**7**	❶ 0.46 kg	❷ 3.22 kg	❸ 1.04 kg
		🖪 1.04 kg		
	8	0.22 kg		**9** 0.45 kg

---

1 ❶ (첫 번째로 튀어 오른 공의 높이)

　$=$(떨어진 공의 높이)$\times0.7$

　$=18\times0.7=12.6$ (m)

❷ (두 번째로 튀어 오른 공의 높이)

　$=$(첫 번째로 튀어 오른 공의 높이)$\times0.7$

　$=12.6\times0.7=8.82$ (m)

❸ (세 번째로 튀어 오른 공의 높이)

　$=$(두 번째로 튀어 오른 공의 높이)$\times0.7$

　$=8.82\times0.7=6.174$ (m)

2 (첫 번째로 튀어 오른 공의 높이)$=30\times0.6=18$ (m)

(두 번째로 튀어 오른 공의 높이)$=18\times0.6=10.8$ (m)

⇨ (세 번째로 튀어 오른 공의 높이)$=10.8\times0.6$

$=6.48$ (m)

3

공이 세 번째로 땅에 닿을 때는 두 번째로 튀어 오른 후 땅에 떨어졌을 때입니다.

(첫 번째로 튀어 오른 공의 높이)

$=3.2\times0.75=2.4$ (m)

(두 번째로 튀어 오른 공의 높이)

$=2.4\times0.75=1.8$ (m)

따라서 공이 세 번째로 땅에 닿을 때까지 움직인 거리는

모두 $3.2+2.4\times2+1.8\times2=3.2+4.8+3.6$

$=11.6$ (m)입니다.

4 ❶ 한 봉지에 340 g이므로 7봉지는

　　$340\times7=2380$ (g)입니다.

❷ 1000 g$=1$ kg이므로 2380 g$=2.38$ kg입니다.

❸ 1 kg에 3000원이므로 설탕 7봉지의 가격은

　$3000\times2.38=7140$(원)입니다.

5 (찰흙 27봉지의 양)$=200\times27=5400$ (g)

1000 g$=1$ kg이므로 5400 g$=5.4$ kg입니다.

1 kg에 550원이므로 찰흙 27봉지의 가격은

$550\times5.4=2970$(원)

> **다른 풀이**
> 1000 g$=1$ kg이므로 1 g$=0.001$ kg입니다.
> 찰흙 1 kg의 가격이 550원이므로
> (찰흙 1 g의 가격)$=550\times0.001=0.55$(원)
> (찰흙 한 봉지의 가격)$=$(찰흙 200 g의 가격)
> $=0.55\times200=110$(원)
> 따라서 찰흙 27봉지의 가격은 $110\times27=2970$(원)입니다.

6 (일주일 동안 사용한 간장의 양)
$=160 \times 7 = 1120$ (mL)
1000 mL$=1$ L이므로 1120 mL$=1.12$ L입니다.
⇨ (일주일 동안 사용한 간장의 가격)
$\quad = 6000 \times 1.12 = 6720$ (원)

7 ❶ (식용유 500 mL의 무게)
$\quad =$ (처음 식용유가 든 병의 무게)
$\qquad -$ (식용유 500 mL를 사용하고 난 후 병의 무게)
$\quad = 4.26 - 3.8 = 0.46$ (kg)
❷ 1 L$=1000$ mL이므로 3.5 L$=3500$ mL입니다.
3500 mL는 500 mL의 7배입니다.
(식용유 3.5 L의 무게)
$\quad =$ (식용유 500 mL의 무게)$\times 7$
$\quad = 0.46 \times 7 = 3.22$ (kg)
❸ (빈 병의 무게)
$\quad =$ (식용유 3.5 L가 들어 있는 병의 무게)
$\qquad -$ (식용유 3.5 L의 무게)
$\quad = 4.26 - 3.22 = 1.04$ (kg)

8 (주스 600 mL의 무게)
$=$ (처음 주스가 든 병의 무게)
$\quad -$ (주스 600 mL를 마시고 난 후 병의 무게)
$= 6.7 - 5.89 = 0.81$ (kg)
1 L$=1000$ mL이므로 4.8 L$=4800$ mL입니다.
4800 mL는 600 mL의 8배이므로
(주스 4.8 L의 무게)$=0.81 \times 8 = 6.48$ (kg)
⇨ (빈 병의 무게)
$\quad =$ (주스 4.8 L가 든 병의 무게)$-$(주스 4.8 L의 무게)
$\quad = 6.7 - 6.48 = 0.22$ (kg)

9 $\left(\text{간장 } \frac{1}{3}\text{의 무게}\right)$
$=$ (간장이 가득 들어 있던 병의 무게)
$\quad -\left(\text{간장의 } \frac{1}{3} \text{을 사용하고 난 후 병의 무게}\right)$
$= 5.64 - 3.91 = 1.73$ (kg)
간장 $\frac{1}{3}$의 무게가 1.73 kg이므로
(간장 전체의 무게)$=1.73 \times 3 = 5.19$ (kg)
⇨ (빈 병의 무게)
$\quad =$ (간장이 가득 들어 있던 병의 무게)
$\qquad -$ (간장 전체의 무게)
$\quad = 5.64 - 5.19 = 0.45$ (kg)

단원 4 유형 마스터			
105쪽	**01** 136.17 cm	**02** 116 kg	**03** 36.75 cm²
106쪽	**04** 7, 8, 9		**05** 51.66
	06 309.75 km		
107쪽	**07** 0.08 kg	**08** 1	**09** 2.8 km

01 (오빠의 키)$=$(아버지 키)$\times 0.85$
$\qquad = 178 \times 0.85 = 151.3$ (cm)
⇨ (수빈이의 키)$=$(오빠의 키)$\times 0.9$
$\qquad = 151.3 \times 0.9 = 136.17$ (cm)

02 1 m$=100$ cm입니다.
(철근 1 m의 무게)$=$(철근 100 cm의 무게)
$\qquad\qquad\qquad = 1.16 \times 10 = 11.6$ (kg)
⇨ (철근 10 m의 무게)$=11.6 \times 10 = 116$ (kg)

03 ・가로는 (7×0.25) cm만큼 늘어나므로
(새로 그린 직사각형의 가로)$=7+7 \times 0.25$
$\qquad\qquad\qquad\qquad = 7 + 1.75 = 8.75$ (cm)
・세로는 (7×0.4) cm만큼 줄어들므로
(새로 그린 직사각형의 세로)$=7-7 \times 0.4$
$\qquad\qquad\qquad\qquad = 7 - 2.8 = 4.2$ (cm)
⇨ (새로 그린 직사각형의 넓이)$=8.75 \times 4.2$
$\qquad\qquad\qquad\qquad\qquad = 36.75$ (cm²)

04 $2.6 \times 1.8 = 4.68$이므로 $4.\square 4 > 4.68$입니다.
일의 자리 수가 같고, 소수 둘째 자리 수를 비교하면
$4 < 8$이므로 $\square$ 안에 들어갈 수 있는 수는 6보다 커야
합니다.
따라서 $\square$ 안에 들어갈 수 있는 수는 7, 8, 9입니다.

05 곱이 가장 크려면 $2 < 3 < 6 < 8$이므로 일의 자리에 가
장 큰 수와 둘째로 큰 수 8, 6을 놓고,
소수 첫째 자리에 나머지 수 2, 3을 놓아야 합니다.

$$\begin{array}{r} 8.2 \\ \times\ 6.3 \\ \hline 5\,1.6\,6 \end{array} \qquad \begin{array}{r} 8.3 \\ \times\ 6.2 \\ \hline 5\,1.4\,6 \end{array}$$

⇨ $51.66 > 51.46$이므로 곱이 가장 클 때의 곱은
51.66입니다.

4. 소수의 곱셈 **39**

06 (한 시간 동안 달린 두 자동차 사이의 거리)

$=82.4+94.6=177$ (km)

1시간 45분

$=1\dfrac{45}{60}$시간$=1\dfrac{3}{4}$시간$=1\dfrac{75}{100}$시간$=1.75$시간

⇨ (1시간 45분 동안 달린 두 자동차 사이의 거리)

$=177\times1.75=309.75$ (km)

07 $\left(\text{음료수 }\dfrac{1}{2}\text{의 무게}\right)$

$=$(음료수가 가득 들어 있던 병의 무게)

$-\left(\text{음료수의 }\dfrac{1}{2}\text{을 마신 후 병의 무게}\right)$

$=6.28-3.18=3.1$ (kg)

음료수 $\dfrac{1}{2}$의 무게가 3.1 kg이므로

(음료수 전체의 무게)$=3.1\times2=6.2$ (kg)

⇨ (빈 병의 무게)

$=$(음료수가 가득 들어 있던 병의 무게)

$-$(음료수 전체의 무게)

$=6.28-6.2=0.08$ (kg)

08 소수 한 자리 수를 60번 곱하면 소수 60자리 수가 됩니다. 소수 60째 자리 숫자는 곱의 소수점 아래 끝자리의 숫자입니다.

0.3을 여러 번 곱하면 소수점 아래 끝자리의 숫자는 3, 9, 7, 1이 반복됩니다. 4개의 숫자가 반복되므로 $60=4\times15$에서 3, 9, 7, 1이 순서대로 15번 반복됩니다.

따라서 0.3을 60번 곱했을 때 곱의 소수 60째 자리 숫자는 1입니다.

09 2분 30초$=2\dfrac{30}{60}$분$=2\dfrac{5}{10}$분$=2.5$분

(터널을 완전히 통과하는 데 전동차가 달린 거리)

$=1.3\times2.5=3.25$ (km)

전동차의 길이가 450 m$=0.45$ km이므로

(터널의 길이)

$=$(터널을 완전히 통과하는 데 전동차가 달린 거리)

$-$(전동차의 길이)

$=3.25-0.45=2.8$ (km)

참고

전동차

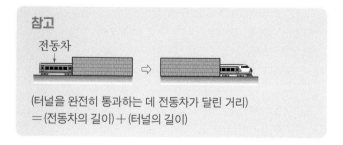

(터널을 완전히 통과하는 데 전동차가 달린 거리)

$=$(전동차의 길이)$+$(터널의 길이)

---

5 직육면체

	유형 01 정육면체에서의 면	
110쪽	**1** ❶ ●, ▲, ★, ♣, ◆, ♥	
	❷ ♣, ●, ★, ♥　❸ ▲　답 ▲	
	2 빨간색	**3** ㉤
111쪽	**4** ❶ 6　❷ 4　❸ 2, 4, 6, 7　답 2, 4, 6, 7	
	5 2, 3, 5, 6	**6** 14
112쪽	**7** ❶ ㉠: 5, ㉡: 1, ㉢: 4　❷ ㉡　답 ㉡	
	8 ㉡	**9**
113쪽	**10** ❶ 3, 5, 6　❷ ㉢　답 ㉢	
	11 ㉡	**12** ㉢

1 ❶ 면 6개에 그려진 무늬는 ●, ▲, ★, ♣, ◆, ♥입니다.

❷ 두 번째와 세 번째 그림을 보면 ◆가 그려진 면과 만나는 면에 그려진 무늬는 ♣, ●, ★, ♥입니다.

❸ ◆가 그려진 면과 평행한 면은 마주 보는 면으로 서로 만나지 않습니다.

따라서 ◆가 그려진 면과 평행한 면에 그려진 무늬는 ▲입니다.

2 면 6개에 색칠된 색깔은 보라색, 주황색, 파란색, 빨간색, 초록색, 노란색입니다. 첫 번째와 세 번째 그림을 보면 파란색으로 색칠된 면과 만나는 면에 색칠된 색깔은 보라색, 주황색, 초록색, 노란색입니다.

따라서 파란색이 색칠된 면과 평행한 면에 색칠된 색깔은 빨간색입니다.

3 면 6개에 적힌 기호는 ㉣, ㉦, ㉢, ㉥, ㉧, ㉤입니다.

첫 번째와 두 번째 그림을 보면 ㉢이 적힌 면과 만나는 면에 적힌 기호는 ㉣, ㉦, ㉥, ㉧입니다.

㉢이 적힌 면과 마주 보는 면은 서로 만나지 않는 면이므로 적힌 기호는 ㉤입니다.

4 ❶ 첫 번째와 세 번째 그림을 보면 7이 쓰여진 면과 수직인 면의 수는 2, 5, 3, 4입니다.

⇨ 7이 쓰여진 면과 평행한 면의 수는 6입니다.

❷ 첫 번째와 두 번째 그림을 보면 2가 쓰여진 면과 수직인 면의 수는 7, 5, 3, 6입니다.

⇨ 2가 쓰여진 면과 평행한 면의 수는 4입니다.

❸ 서로 평행한 면에 쓰여진 수는 7과 6, 2와 4이므로 5가 쓰여진 면과 평행한 면의 수는 3입니다.
따라서 5가 쓰여진 면과 수직인 면의 수는 2, 4, 6, 7입니다.

5 • 첫 번째와 두 번째 그림을 보면 2가 쓰여진 면과 수직인 면에 쓰여진 수는 4, 3, 1, 6입니다.
  ⇨ 2가 쓰여진 면과 평행한 면의 수는 5입니다.
• 첫 번째와 세 번째 그림을 보면 3이 쓰여진 면과 수직인 면의 수는 2, 4, 5, 1입니다.
  ⇨ 3이 쓰여진 면과 평행한 면의 수는 6입니다.
서로 평행하는 면에 쓰여진 수는 2와 5, 3과 6이므로 4가 쓰여진 면과 평행한 면의 수는 1입니다.
따라서 4가 쓰여진 면과 수직인 면의 수는 2, 3, 5, 6입니다.

6 • 첫 번째와 두 번째 그림을 보면 1이 그려진 면과 수직인 면에는 3, 5, 2, 4가 그려져 있습니다.
  ⇨ 1이 그려진 면과 평행한 면에는 6이 그려져 있습니다.
• 두 번째와 세 번째 그림을 보면 4가 그려진 면과 수직인 면에는 2, 1, 5, 6이 그려져 있습니다. ⇨ 4가 그려진 면과 평행한 면에는 3이 그려져 있습니다.
서로 평행한 면에 있는 눈의 수는 1과 6, 4와 3이므로 2가 그려진 면과 평행한 면에 있는 눈의 수는 5입니다.
따라서 2가 그려진 면과 수직인 면에 있는 눈의 수는 1, 6, 4, 3이므로 합은 $1+6+4+3=14$입니다.

7 **❶** 마주 보는 면은 서로 평행한 면이므로 서로 평행한 두 면을 찾아 눈의 수의 합이 7이 되게 합니다.
접었을 때 면 ㉠과 평행한 면의 눈의 수는 2이므로
㉠$=7-2=5$
접었을 때 면 ㉡과 평행한 면의 눈의 수는 6이므로
㉡$=7-6=1$
접었을 때 면 ㉢과 평행한 면의 눈의 수는 3이므로
㉢$=7-3=4$
❷ $1<4<5$이므로 가장 적은 눈의 수가 그려질 면은 ㉡입니다.

8 서로 평행한 두 면을 찾아 눈의 수의 합이 7이 되게 합니다.
접었을 때 면 ㉠과 평행한 면의 눈의 수는 3이므로
㉠$=7-3=4$입니다.
접었을 때 면 ㉡과 평행한 면의 눈의 수는 1이므로
㉡$=7-1=6$입니다.
접었을 때 면 ㉢과 평행한 면의 눈의 수는 2이므로
㉢$=7-2=5$입니다.
  ⇨ $6>5>4$이므로 가장 많은 눈의 수가 그려질 면은 ㉡입니다.

9 서로 평행한 면을 찾아 마주 보는 두 면에 있는 눈의 수의 합이 7이 되도록 주사위의 눈을 그립니다.
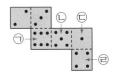
㉠은 주사위를 펼쳤을 때 주사위 눈의 수가 6인 면입니다.
㉡은 접었을 때 평행한 면의 눈의 수가 2이므로
㉡$=7-2=5$입니다.
㉢은 접었을 때 평행한 면의 눈의 수가 6이므로
㉢$=7-6=1$입니다.
㉣은 접었을 때 평행한 면의 눈의 수가 3이므로
㉣$=7-3=4$입니다.

10 **❶** 전개도를 접었을 때 서로 평행한 면에 있는 수는 1과 3, 2와 5, 4와 6입니다.
❷ ㉠은 2와 5가 수직이고, ㉡은 1과 3이 수직이고, ㉣은 4와 6이 수직이므로 만들 수 없습니다.
따라서 만들 수 있는 정육면체는 ㉢입니다.

11 전개도를 접었을 때 서로 평행한 면에 있는 알파벳을 짝지어 보면 (A, D), (B, F), (C, E)입니다.
㉠은 (A, D)가 수직이고, ㉢은 (B, F)가 수직이고, ㉣은 (C, E)가 수직이므로 만들 수 없습니다.
따라서 전개도를 접어서 만들 수 있는 정육면체는 ㉡입니다.

12 전개도를 접었을 때 서로 평행한 면에 있는 색깔을 짝지어 보면 (갈색, 초록), (파랑, 노랑), (보라, 빨강)입니다.
㉠은 (초록, 갈색)이 수직이고, ㉡은 (보라, 빨강)이 수직이고, ㉣은 (파랑, 노랑)이 수직이므로 만들 수 없습니다.
따라서 전개도를 접어서 만들 수 있는 정육면체는 ㉢입니다.

유형 **02** 직육면체의 전개도		
114쪽 **1** ❶ 4 cm	❷ 9 cm	🔑 9 cm
2 6 cm		**3** 99 cm²
115쪽 **4** ❶ 8 cm인 선분: 4개, 4 cm인 선분: 8개, 7 cm인 선분: 2개		
❷ 78 cm	🔑 78 cm	
5 128 cm		**6** 104 cm

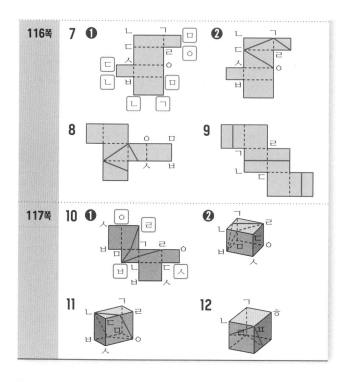

116쪽 7 ❶ [diagram] ❷ [diagram]

8 [diagram] 9 [diagram]

117쪽 10 ❶ [diagram] ❷ [diagram]

11 [diagram] 12 [diagram]

1 ❶ 전개도를 접었을 때 서로 평행하거나 겹치는 선분의
길이는 각각 같으므로
(선분 ㅁㅂ)=(선분 ㅁㄹ)=(선분 ㄴㄷ)=10 cm
(선분 ㅂㅅ)=(선분 ㅁㅅ)−(선분 ㅁㅂ)
=14−10=4 (cm)

❷ (선분 ㅊㅈ)=(선분 ㅋㅌ)=(선분 ㅍㅌ)=(선분 ㅂㅅ)
=4 cm
⇨ (선분 ㅈㅇ)=(선분 ㅊㅇ)−(선분 ㅊㅈ)
=13−4=9 (cm)

2 전개도를 접었을 때 겹치는 선분의 길이는 같으므로
(선분 ㅋㅊ)=(선분 ㅍㅎ)=7 cm
평행한 선분의 길이는 같으므로
(선분 ㅅㅇ)=(선분 ㅋㅊ)=7 cm
(선분 ㅅㅂ)=11−7=4 (cm)이므로
(선분 ㅊㅈ)=(선분 ㅋㅌ)=(선분 ㅍㅌ)=(선분 ㅂㅅ)
=4 cm
⇨ (선분 ㄱㄴ)=(선분 ㅈㅇ)=10−4=6 (cm)

3 평행한 선분의 길이는 같으므로
(선분 ㅂㅅ)=(선분 ㄱㅎ)=9 cm,
전개도를 접었을 때 겹치는 선분의 길이는 같으므로
(선분 ㅈㅊ)=(선분 ㅅㅂ)=9 cm
(선분 ㄹㅁ)+(선분 ㅇㅈ)=34−9−9=16 (cm),
(선분 ㄹㅁ)=(선분 ㅇㅈ)=16÷2=8 (cm)
(선분 ㅇㅅ)=(선분 ㅇㅈ)=(선분 ㅍㅌ)=(선분 ㅍㅎ)
=8 cm이므로
(선분 ㅋㅊ)=27−8−8=11 (cm)
⇨ (면 ㅌㅈㅊㅋ의 넓이)=9×11=99 (cm²)

4 ❶ 전개도를 접었을 때 서로 겹치거나 평행한 선분의
길이는 같습니다.
전개도의 둘레에 8 cm인 선분은 4개, 4 cm인 선분
은 8개, 7 cm인 선분은 2개 있습니다.

❷ (전개도의 둘레)
=8×4+4×8+7×2=78 (cm)

5 전개도를 접었을 때
서로 겹치거나 평행
한 선분의 길이는 같
습니다.
전개도의 둘레에
13 cm인 선분은 6개,
5 cm인 선분은 6개, 10 cm인 선분은 2개 있습니다.
⇨ (전개도의 둘레)
=13×6+5×6+10×2=128 (cm)

[diagram with labels: 5 cm, 13 cm, 5 cm, 13 cm, 10 cm, 10 cm, 13 cm, 13 cm, 5 cm, 13 cm, 13 cm, 5 cm]

6 전개도를 접었을 때 서
로 겹치거나 평행한 선
분의 길이는 같습니다.
전개도의 둘레에 6 cm
인 선분은 6개, 8 cm인
선분은 4개, 9 cm인 선분은 4개 있습니다.
⇨ (전개도의 둘레)=6×6+8×4+9×4=104 (cm)

[diagram with labels: 9 cm, 8 cm, 6 cm, 6 cm, 8 cm, 9 cm, 9 cm, 6 cm, 8 cm, 8 cm, 6 cm]

7 ❶ 전개도를 접었을 때 만나는 점을 찾아 같은 기호로
표시합니다.
❷ 선이 지나가는 자리인 선분 ㄱㄷ, 선분 ㄷㅇ, 선분 ㄱㅇ을
그립니다.

8

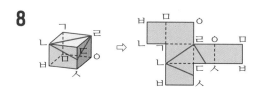

직육면체를 보고 오른쪽 전개도에 각 꼭짓점의 기호를
표시한 후 선이 지나가는 면을 찾아 선을 그립니다.

9

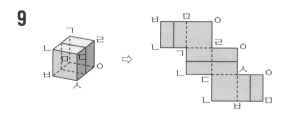

정육면체를 보고 오른쪽 전개도에 각 꼭짓점의 기호를
표시한 후 끈이 지나가는 면을 찾아 선을 그립니다.

10 ❶ 전개도를 접었을 때 만나는 점을 찾아 같은 기호로 표시합니다.

❷ 전개도를 보고 오른쪽 직육면체에 선이 지나가는 자리를 찾아 그립니다.

11

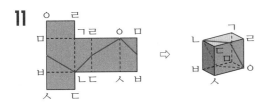

전개도를 접었을 때 만나는 점을 찾아 같은 기호로 표시한 후 선이 지나가는 자리를 찾아 직육면체에 그립니다.

12

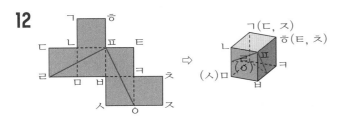

전개도를 접었을 때 만나는 점을 찾아 정육면체에 표시한 후 선이 지나가는 자리를 찾아 정육면체에 그립니다.

유형 **03** 직육면체의 모서리의 길이

118쪽	**1** ❶ 4개씩 ❷ 4 답 4
	2 5 　　　　　　　**3** 11
119쪽	**4** ❶ 10 cm인 부분: 2군데,
	12 cm인 부분: 2군데,
	8 cm인 부분: 4군데
	❷ 76 cm 답 76 cm
	5 132 cm 　　　　　**6** 140 cm
120쪽	**7** ❶ (왼쪽에서부터) 4, 7, 12
	❷ (위에서부터) 4, 12
	8 (왼쪽에서부터) 8, 10 　**9** 16 cm

1 ❶ 직육면체는 평행한 모서리의 길이가 같으므로 길이가 6 cm, ■ cm, 9 cm인 모서리가 각각 4개씩 있습니다.

❷ 모든 모서리의 길이의 합은 76 cm이므로
$(6+■+9) \times 4 = 76$, $6+■+9 = 19$,
$■ = 19-6-9 = 4$

---

2 길이가 8 cm, 7 cm, □ cm인 모서리가 각각 4개씩 있습니다.
모든 모서리의 길이의 합은 80 cm이므로
$(8+7+□) \times 4 = 80$, $8+7+□ = 20$,
$□ = 20-8-7 = 5$

3 정육면체의 모서리 12개의 길이는 모두 같으므로
(정육면체 ㉮의 모든 모서리의 길이의 합)
$= 10 \times 12 = 120$ (cm)
직육면체 ㉯에는 길이가 14 cm, ㉠ cm, 5 cm인 모서리가 각각 4개씩 있고
모든 모서리의 길이의 합이 120 cm이므로
$(14+㉠+5) \times 4 = 120$, $14+㉠+5 = 30$,
$㉠ = 30-14-5 = 11$

4 ❶ 끈으로 둘러싼 부분은 길이가 10 cm인 부분이 2군데, 12 cm인 부분이 2군데, 8 cm인 부분이 4군데 있습니다.

❷ (필요한 끈의 길이) $= 10 \times 2 + 12 \times 2 + 8 \times 4$
　　　　　　　　　　 $= 76$ (cm)

5 끈으로 둘러싼 부분은 길이가 16 cm인 부분이 2군데, 8 cm인 부분이 2군데, 21 cm인 부분이 4군데 있습니다.
(필요한 끈의 길이) $= 16 \times 2 + 8 \times 2 + 21 \times 4$
　　　　　　　　　 $= 132$ (cm)

6 정육면체는 모서리의 길이가 모두 같으므로 매듭을 제외하고 리본으로 둘러싼 부분은 길이가 15 cm인 부분이 8군데입니다.
매듭으로 사용한 리본의 길이가 20 cm이므로
(사용한 리본의 길이) $= 15 \times 8 + 20 = 140$ (cm)

7 ❶ 앞에서 본 모양에서 직사각형의 가로는 7 cm이고 세로는 12 cm이고, 위에서 본 모양에서 직사각형의 가로는 7 cm, 세로는 4 cm이므로 세 모서리의 길이는 4 cm, 7 cm, 12 cm입니다.

❷ 직육면체의 세 모서리의 길이는 7 cm, 4 cm, 12 cm이므로
옆에서 본 모양은 가로가 4 cm, 세로가 12 cm인 직사각형입니다.

8 앞에서 본 모양과 옆에서 본 모 양에서 직육면체의 세 모서리 의 길이는 8 cm, 10 cm, 5 cm입니다. 따라서 위에서 본 모양은 가로 가 8 cm, 세로가 10 cm인 직 사각형입니다.

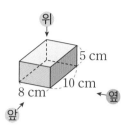

9 앞에서 본 모양과 위에서 본 모 양에서 직육면체의 세 모서리의 길이는 4 cm, 5 cm, 3 cm입 니다. 따라서 옆에서 본 모양은 가로가 5 cm, 세로가 3 cm인 직사각 형이므로 모서리의 길이의 합은 $5+3+5+3=16$ (cm)입니다.

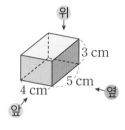

유형 04 색칠된 정육면체의 수

121쪽	1	❶	❷ 6개	답 6개
	2 24개		3 22개	
122쪽	4	❶	❷ 12개	답 12개
	5 24개		6 8개	

1 ❶ 한 면이 색칠된 작은 정육면체는 큰 정육 면체의 면에 있으면서 큰 정육면체의 모 서리를 포함하지 않습니다.

❷ 한 면이 색칠된 작은 정육면체는 큰 정육면체의 한 면에 1개씩 면 6개에 있으므로 모두 6개입니다.

2 한 면이 색칠된 작은 정육면 체의 한 면에 4개씩 면 6개에 있으므로 모 두 $4\times6=24$(개)입니다.

3 큰 직육면체의 면에 있으면서 큰 직육면체 의 모서리를 포함하지 않는 정육면체를 찾 아 색칠하면 오른쪽과 같습니다. 따라서 한 면이 색칠된 작은 정육면체는 모 두 $(2+6+3)\times2=22$(개)입니다.

---

4 ❶ 두 면이 색칠된 작은 정육면체는 큰 정육면체의 모 서리에 있으면서 큰 정육면체의 꼭짓점을 포함하지 않습니다.

❷ 두 면이 색칠된 작은 정육면체는 큰 정육면체의 한 모서리에 1개씩 모서리 12개에 있으므로 모두 12개 입니다.

5 두 면이 색칠된 작은 정육면 체는 큰 정육면체의 한 모서리에 2개씩 모서리 12개에 있 으므로 모두 $2\times12=24$(개)입니다.

6 세 면이 색칠된 작은 정육면 체는 큰 정육면체의 꼭짓점을 포함합니다. 정육면체의 꼭짓점은 8개이므로 세 면이 색 칠된 작은 정육면체는 모두 8개입니다.

단원 5 유형 마스터

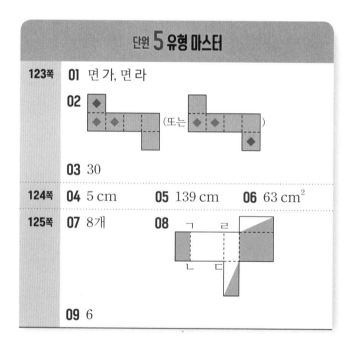

123쪽	01 면 가, 면 라
	02
	03 30
124쪽	04 5 cm	05 139 cm	06 63 cm²
125쪽	07 8개	08
	09 6

01 직육면체의 한 모서리에서 만나는 두 면은 서로 수직입 니다. 빨간색 면과 수직인 면은 면 가, 면 나, 파란색 면, 면 라 입니다. 파란색 면과 수직인 면은 면 가, 빨간색 면, 면 다, 면 라 입니다. 따라서 빨간색 면과 파란색 면에 동시에 수직인 면은 면 가, 면 라입니다.

02 무늬(◆)가 있는 3개의 면이 한 꼭짓점에서 만나도록 전개도에 무늬(◆)를 그려 넣습니다.

03 서로 마주 보는 두 면에 적힌 수는 3과 8, 4와 7, 15와 2 입니다.

$3 \times 8 = 24$, $4 \times 7 = 28$, $15 \times 2 = 30$

$30 > 28 > 24$이므로 가장 큰 값은 30입니다.

04 전개도를 접었을 때 서로 겹치거나 평행한 선분의 길이는 같습니다.

(선분 ㄴㄷ)=(선분 ㅋㅊ)=(선분 ㅈㅊ)=8 cm

(선분 ㅌㅍ)=(선분 ㅎㅍ)=(선분 ㄱㄴ)=12−8=4 (cm)

⇨ (선분 ㅌㅋ)=9−4=5 (cm)

05 리본으로 둘러싼 부분은 길이가 14 cm인 부분이 2군데, 17 cm인 부분이 2군데, 13 cm인 부분이 4군데 있습니다.

(사용한 리본의 길이)

$=14 \times 2 + 17 \times 2 + 13 \times 4 + 25 = 139$ (cm)

06 앞에서 본 모양과 옆에서 본 모양에서 직육면체의 세 모서리의 길이는 9 cm, 7 cm, 15 cm입니다.

따라서 위에서 본 모양은 가로가 9 cm, 세로가 7 cm인 직사각형이므로 넓이는 $9 \times 7 = 63$ (cm²)입니다.

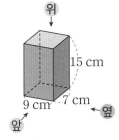

07 세 면이 색칠된 작은 정육면체는 큰 직육면체의 각 꼭짓점을 포함합니다.

직육면체의 꼭짓점은 8개이므로 세 면이 색칠된 작은 정육면체는 모두 8개입니다.

08

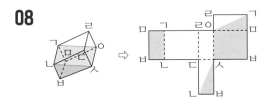

직육면체를 보고 오른쪽 전개도에 가 꼭짓점의 기호를 표시한 후 물이 묻은 부분을 알맞게 색칠합니다.

09

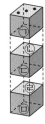

$3 + ㉠ = 7 \Rightarrow ㉠ = 7 - 3 = 4$

$㉠ + ㉡ = 4 + ㉡ = 6 \Rightarrow ㉡ = 6 - 4 = 2$

$㉡ + ㉢ = 2 + ㉢ = 7 \Rightarrow ㉢ = 7 - 2 = 5$

$㉢ + ㉣ = 5 + ㉣ = 6 \Rightarrow ㉣ = 6 - 5 = 1$

$㉣ + ㉤ = 1 + ㉤ = 7 \Rightarrow ㉤ = 7 - 1 = 6$

---

6 평균과 가능성

유형 01 평균 비교하기

128쪽	**1** ❶ 151 cm ❷ 지윤, 민주 **답** 지윤, 민주 **2** 3월, 4월, 6월 **3** 선주
129쪽	**4** ❶ 244쪽 ❷ 305쪽 ❸ 도현, 61쪽 **답** 도현, 61쪽 **5** ㉮ 공장, 64상자 **6** ㉯ 동네, 5 m²

1 ❶ (멀리뛰기 기록의 평균)

= (기록의 합) ÷ (학생 수)

$= (180 + 185 + 120 + 135 + 136 + 150) \div 6$

$= 906 \div 6 = 151$ (cm)

❷ 멀리뛰기 기록이 151 cm보다 좋은 학생은 151 cm보다 멀리 뛴 지윤이(180 cm)와 민주(185 cm)입니다.

2 (도서관 이용 학생 수의 평균)

= (전체 학생 수) ÷ 5

$= (115 + 96 + 137 + 108 + 129) \div 5$

$= 585 \div 5 = 117$ (명)

도서관을 이용한 학생 수가 평균보다 적은 때는 3월(115명), 4월(96명), 6월(108명)입니다.

3 (100 m 달리기 기록의 평균)

$= (18.4 + 19 + 18.2 + 16.4) \div 4$

$= 72 \div 4 = 18$ (초)

100 m 달리기 기록이 평균보다 좋은 학생은 선주(16.4초)입니다.

4 ❶ (지민이가 한 달 동안 읽은 책 쪽수의 평균)

$= 1220 \div 5 = 244$ (쪽)

❷ (도현이가 한 달 동안 읽은 책 쪽수의 평균)

$= 1220 \div 4 = 305$ (쪽)

❸ 244 < 305이므로 한 달 동안 읽은 책 쪽수의 평균은 도현이가 $305 - 244 = 61$ (쪽) 더 많습니다.

5 (㉮ 공장에서 한 시간당 포장하는 상자 수의 평균)

$= 768 \div 4 = 192$ (상자)

(㉯ 공장에서 한 시간당 포장하는 상자 수의 평균)

$= 768 \div 6 = 128$ (상자)

192 > 128이므로 한 시간당 포장하는 상자 수의 평균은 ㉮ 공장이 $192 - 128 = 64$ (상자) 더 많습니다.

6 ⓑ 동네의 가구 수는 210－30＝180(가구)입니다.
(ⓐ 동네의 한 가구당 사용할 수 있는 텃밭 넓이의 평균)
＝6300÷210＝30 (m²)
(ⓑ 동네의 한 가구당 사용할 수 있는 텃밭 넓이의 평균)
＝6300÷180＝35 (m²)
30＜35이므로 한 가구당 사용할 수 있는 텃밭 넓이의
평균은 ⓑ 동네가 35－30＝5 (m²) 더 넓습니다.

유형 **02** 평균 구하기

130쪽	**1** ❶ 남학생 20명의 키의 합: 2940 cm, 여학생 15명의 키의 합: 2100 cm
	❷ 전체 학생 수: 35명, 전체 학생의 키의 합: 5040 cm
	❸ 144 cm **답** 144 cm
	2 86점 **3** 43 kg
131쪽	**4** ❶ 20, 20, 5 ❷ 86점 **답** 86점
	5 52명 **6** 6개

1 ❶ (남학생 20명의 키의 합)＝147×20＝2940 (cm)
(여학생 15명의 키의 합)＝140×15＝2100 (cm)
❷ (다운이네 반 전체 학생 수)＝20+15＝35(명)
(전체 학생의 키의 합)＝2940+2100＝5040 (cm)
❸ (다운이네 반 전체 학생의 키의 평균)
＝(전체 학생의 키의 합)÷(전체 학생 수)
＝5040÷35＝144 (cm)

2 (남학생 10명의 수행 평가 점수의 합)
＝83.9×10＝839(점)
(여학생 14명의 수행 평가 점수의 합)
＝87.5×14＝1225(점)
⇨ (유영이네 반 전체 학생의 수행 평가 점수의 평균)
＝(839+1225)÷24＝2064÷24＝86(점)

3 (남학생 수)＝20－8＝12(명)
(반 전체 학생의 몸무게의 합)＝42.5×20＝850 (kg)
(여학생의 몸무게의 합)＝41.75×8＝334 (kg)
⇨ (남학생의 몸무게의 평균)
＝(850－334)÷12＝516÷12＝43 (kg)

4 ❶ 네 과목 중 한 과목만 20점 높아졌으므로 2학기 시
험에서 네 과목의 점수의 평균은 20÷4＝5(점)이
오릅니다.
❷ 1학기 시험에서 네 과목의 점수의 평균이 81점이므로
2학기 시험에서 네 과목의 점수의 평균은
81+5＝86(점)입니다.

---

5 일주일은 7일이고 토요일 하루만 21명이 더 이용하였으므
로 늘어난 이용자 수를 고르게 하면 하루에 21÷7＝3(명)
씩 더 이용한 것과 같습니다. 지난 일주일 동안 하루 이용
자 수의 평균이 49명이었으므로 이번 주 일주일 동안 하
루 이용자 수의 평균은 49+3＝52(명)입니다.

6

첫 번째						
두 번째	○	○	○	○		
세 번째	○	○	○	○	○	○ ○
네 번째	○	○	○	○	○	○ ○ ○ ○ ○ ○ ○

○를 옮겨 자료의 값을 고르게 하면 ○의 수가 6으로 같
아지므로 봉지의 색 구슬 수의 평균은 첫 번째 봉지의 구
슬 수보다 6개 더 많습니다.

> **다른 풀이**
> 첫 번째 봉지의 구슬 수를 □개라 하면,
> 두 번째 봉지는 (□+4)개, 세 번째 봉지는 (□+8)개,
> 네 번째 봉지는 (□+12)개입니다.
> 네 봉지의 구슬 수의 평균을 □개라 예상하면 구슬은
> 4+8+12＝24(개) 남고 24÷4＝6이므로 실제 평균은
> (□+6)개입니다. 따라서 네 봉지의 구슬 수의 평균은 첫 번째
> 봉지의 구슬 수보다 6개 더 많습니다.

유형 **03** 모르는 자료의 값 구하기

132쪽	**1** ❶ 575번 ❷ 110번 **답** 110번
	2 41.1 kg **3** 24권
133쪽	**4** ❶ 110 m 이상 ❷ 29 m **답** 29 m
	5 6600원 **6** 93점 초과
134쪽	**7** ❶ 15살 ❷ 10살 **답** 10살
	8 19살 **9** 95점

1 ❶ (다섯 사람의 줄넘기 기록의 합)
＝(평균)×(사람 수)
＝115×5＝575(번)
❷ (은주의 줄넘기 기록)
＝(다섯 사람의 줄넘기 기록의 합)
－(은주를 제외한 네 사람의 줄넘기 기록의 합)
＝575－(125+98+112+130)＝110(번)

2 (네 사람의 몸무게의 합)＝43×4＝172 (kg)
(서진이의 몸무게)＝172－(42.5+46.8+41.6)
＝41.1 (kg)

3 (네 사람이 읽은 책 수의 합)$=26 \times 4 = 104$(권)
(영규와 지현이가 읽은 책 수의 합)
　$=104-(29+32)=43$(권)
영규가 읽은 책 수를 □권이라 하면 지현이가 읽은 책 수는 (□-5)권입니다.
□$+($□$-5)=43$, □$+$□$=48$, □$=24$
따라서 영규가 읽은 책은 24권입니다.

4 ❶ 1회부터 5회까지 공 던지기 기록의 평균이 22 m 이상이 되려면 1회부터 5회까지 공 던지기 기록의 합이 $22 \times 5 = 110$ (m) 이상이어야 합니다.
❷ 반 대표가 되려면 5회의 공 던지기 기록은 적어도 $110-(21+24+17+19)=29$ (m)여야 합니다.

5 1월부터 5월까지 사용한 용돈의 평균이 4500원 이하가 되려면 1월부터 5월까지 사용한 용돈의 합은 $4500 \times 5 = 22500$(원) 이하가 되어야 합니다.
1월부터 5월까지 사용한 용돈의 합이 22500원 이하가 되어야 하므로 5월에 사용할 수 있는 용돈은 최대 $22500-(4800+3500+4700+2900)=6600$(원)입니다.

6 (예준이네 모둠의 수학 점수의 평균)
　$=(94+88+76+94) \div 4 = 352 \div 4 = 88$(점)
예준이네 모둠의 수학 점수의 평균이 88점이므로 주영이네 모둠 5명의 수학 점수의 평균은 88점 초과여야 합니다.
주영이네 모둠 5명의 수학 점수의 합은 $88 \times 5 = 440$(점) 초과여야 하므로 새로운 학생의 수학 점수는
$440-(79+92+86+90)=440-347=93$(점) 초과여야 합니다.

7 ❶ (기존 회원 4명의 나이의 평균)
　　$=(16+17+12+15) \div 4$
　　$=60 \div 4 = 15$(살)
❷ 5명의 나이의 평균이 한 살 줄어들기 위해서는 새로운 회원의 나이가 4명의 나이의 평균보다 5살 적어야 합니다.
따라서 새로운 회원의 나이는 $15-5=10$(살)입니다.

참고
5명의 평균이 1살 줄어드는 것은 5명 각자의 나이가 1살씩 줄어드는 것과 같으므로 5명의 나이의 합계는 4살이 아닌 5살이 줄어들게 됩니다.

8 (기존 회원 4명의 나이의 평균)
　$=(13+17+12+14) \div 4 = 56 \div 4 = 14$(살)
5명의 나이의 평균이 한 살 늘어나기 위해서는 새로운 회원의 나이가 4명의 나이의 평균보다 5살 많아야 합니다.
따라서 새로운 회원의 나이는 $14+5=19$(살)입니다.

다른 풀이
(기존 회원 4명의 나이의 평균)
　$=(13+17+12+14) \div 4 = 56 \div 4 = 14$(살)
5명의 나이의 평균이 $14+1=15$(살)이 되어야 합니다. 5명의 나이의 합은 $15 \times 5 = 75$(살)입니다.
⇨ (새로운 회원의 나이)$=75-(13+17+12+14)=19$(살)

9 (4회까지 점수의 평균)$=(84+86+90+80) \div 4$
　　　　　　　　　$=340 \div 4 = 85$(점)
평균을 2점 올리기 위해서는 1회부터 5회까지의 총점이 $2 \times 5 = 10$(점) 높아져야 합니다.
따라서 5회에서 $85+10=95$(점)을 받아야 합니다.

다른 풀이
(4회까지 점수의 평균)$=(84+86+90+80) \div 4$
　　　　　　　　$=340 \div 4 = 85$(점)
5회까지의 점수의 평균이 $85+2=87$(점)이 되어야 하므로 5회까지의 점수의 합은 $87 \times 5 = 435$(점)입니다.
⇨ (5회의 점수)$=435-(84+86+90+80)=95$(점)

유형 **04** 일이 일어날 가능성

135쪽	**1** ❶ 있습니다에 ○표　❷ 0　目 0
	2 $\dfrac{1}{2}$　　　　**3** ㉢, ㉡, ㉠
136쪽	**4** ❶ 빨간색 구슬 수: 5개, 파란색 구슬 수: 0개
	❷ 빨간색 구슬　目 빨간색 구슬
	5 포도 맛 젤리
	6 빨간색 공, 파란색 공, 노란색 공

1 ❶ 구슬의 수가 1, 3, 5, 7, 9……일 때 2로 나누면 나머지가 1입니다.
따라서 구슬의 수가 홀수일 때 2개의 주머니에 똑같이 나누어 담으면 남는 구슬이 적어도 1개입니다.
❷ 구슬의 수가 홀수이면 2개의 주머니에 남는 구슬 없이 똑같이 나누어 담을 수 없으므로 일이 일어날 가능성은 '불가능하다'입니다.
따라서 일이 일어날 가능성을 수로 표현하면 0입니다.

2 공 10개가 들어 있는 상자에서 1개 이상의 공을 꺼낼 때 나올 수 있는 공의 수는 1개, 2개, 3개 …… 10개로 10가지 경우가 있습니다. 이 중 꺼낸 공의 수가 짝수인 경우는 2개, 4개, 6개, 8개, 10개로 5가지입니다.
⇨ 꺼낸 공의 수가 짝수일 가능성은 '반반이다'이므로 가능성을 수로 표현하면 $\dfrac{1}{2}$입니다.

3 ㉠ 주머니에 10원짜리 동전은 없으므로 일이 일어날 가
능성은 '불가능하다'입니다. ⇨ 0

㉡ 친구의 동생은 남자 또는 여자이므로 일이 일어날 가
능성은 '반반이다'입니다. ⇨ $\frac{1}{2}$

㉢ 주사위의 눈의 수는 1, 2, 3, 4, 5, 6으로 모두 7보다 작
으므로 일이 일어날 가능성은 '확실하다'입니다. ⇨ 1

⇨ 일이 일어날 가능성이 큰 것부터 차례대로 기호를 쓰
면 ㉢, ㉡, ㉠입니다.

4 ❶ 파란색 구슬은 7−5=2(개)이므로 유진이와 서은
이가 구슬을 1개씩 꺼낸 후 상자 안에 남아 있는 빨
간색 구슬은 5개이고, 파란색 구슬은 0개입니다.

❷ 꺼낸 구슬이 빨간색일 가능성은 1이고, 파란색일 가
능성은 0이므로 꺼낼 가능성이 더 높은 구슬은 빨간
색 구슬입니다.

5 딸기 맛 젤리는 5−2−1=2(개)이므로 젤리 2개를 꺼
낸 후 주머니 안에 남은 젤리는 망고 맛 2개, 포도 맛 0개,
딸기 맛 1개입니다.

남은 젤리의 수가 적을수록 꺼낼 가능성이 낮으므로 꺼
낼 가능성이 가장 낮은 젤리는 포도 맛 젤리입니다.

6 빨간색 공은 3−1=2(개)이고, 노란색 공은
10−3−2=5(개)입니다. 빨간색 공 1개와 노란색 공
1개를 꺼냈으므로 상자 안에 남아 있는 공은 파란색 공
3개, 빨간색 공 1개, 노란색 공 4개입니다.

꺼낼 가능성이 낮은 공부터 차례대로 쓰면 빨간색 공, 파
란색 공, 노란색 공입니다.

단원 **6** 유형 마스터

137쪽	**01** 수빈	**02** ㉴ 기계, 37개	
	03 96점		
138쪽	**04** 20번	**05** 65분	**06** 1400원
139쪽	**07** 흰색 바둑돌	**08** 91점	**09** 15살

01 (수빈이의 오래 매달리기 기록의 평균)
　＝(13.5＋19.8＋20.7)÷3＝54÷3＝18(초)
(진호의 오래 매달리기 기록의 평균)
　＝(14.6＋18.4＋19.1＋15.9)÷4＝68÷4＝17(초)
오래 매달리기 기록의 평균이 더 좋은 사람은 수빈입니다.

02 (㉮ 기계의 한 시간당 장난감 생산량의 평균)
　＝740÷5＝148(개)
(㉯ 기계의 한 시간당 장난감 생산량의 평균)
　＝740÷4＝185(개)

한 시간당 생산량의 평균은 ㉯ 기계가
185−148＝37(개) 더 많습니다.

03 네 과목의 점수의 평균이 90점이므로 네 과목의 점수의
합은 90×4＝360(점)입니다.
(수학 점수)＝360−(87＋86＋91)＝96(점)

다른 풀이
국어는 평균보다 90−87＝3(점) 적고, 사회는 평균보다
90−86＝4(점) 적고, 과학은 평균보다 91−90＝1(점) 많습
니다. 따라서 수학은 평균보다 3＋4−1＝6(점) 더 많아야 하
므로 90＋6＝96(점)입니다.

04 (정윤이의 제기차기 기록의 평균)
　＝(14＋19＋26＋21)÷4＝80÷4＝20(번)
민재의 제기차기 기록의 평균도 20번이므로 기록의 합
은 20×5＝100(번)입니다.
⇨ (민재의 3회 제기차기 기록)
　＝100−(19＋16＋24＋21)＝20(번)

05 (여학생 수)＝20−12＝8(명)
(반 전체 학생의 독서 시간의 합)
　＝50×20＝1000(분)
(남학생의 독서 시간의 합)＝40×12＝480(분)
⇨ (여학생의 하루 평균 독서 시간)
　＝(1000−480)÷8＝520÷8＝65(분)

06 네 가지 채소 100 g의 가격의 평균이 200원 올랐다면 전
체 채소 가격의 합은 200×4＝800(원) 오른 것입니다.
따라서 파 100 g의 가격은 600＋800＝1400(원)으
로 올랐습니다.

07 주머니 안에 처음에 들어 있던 검은색 바둑돌은
5−2＝3(개)입니다.
규혁이와 서진이가 검은색 바둑돌을 1개씩 꺼내고 난
후 주머니 안에 흰색 바둑돌은 2개 남았고 검은색 바둑
돌은 3−2＝1(개) 남았습니다.
따라서 유나가 흰색 바둑돌을 꺼낼 가능성이 더 높습니다.

08 1회부터 5회까지의 수학 점수의 평균이 87점 이상이
되려면 1회부터 5회까지의 수학 점수의 합은
87×5＝435(점) 이상이 되어야 합니다.
따라서 5회에는 수학 점수를 적어도
435−(85＋92＋88＋79)＝91(점) 받아야 합니다.

09 (기존 회원 4명의 나이의 평균)
　＝(19＋24＋16＋21)÷4＝80÷4＝20(살)
5명의 나이의 평균이 한 살 줄어들기 위해서는 새로운
회원의 나이가 기존 회원 4명의 나이의 평균보다 5살
적어야 합니다.
따라서 새로운 회원의 나이는 20−5＝15(살)입니다.

기적의 학습서

오늘도 한 뼘 자랐습니다.

6

정답과 풀이

학습서는 스케줄 관리를 통해 꾸준한 학습을 가능게 합니다.

해도 상품권, 기프티콘 등 칭찬 선물이 쏟아집니다.

습 팁과 노하우로 나날이 발전된 홈스쿨링이 가능합니다.

기적의 학습서, 제대로 경험하고 싶다면?
학습단에 참여하세요!

꾸준한 학습!

풀다 만 문제집만 수두룩? 기적의 학습서는 스케줄 관리를 통해 꾸준한 학습을 가능케 합니다.

푸짐한 선물!

학습단에 참여하여 꾸준히 공부만 해도 상품권, 기프티콘 등 칭찬 선물이 쏟아집니다.

알찬 학습 팁!

엄마표 학습의 고수가 알려주는 학습 팁과 노하우로 나날이 발전된 홈스쿨링이 가능합니다.

길벗스쿨 공식 카페 〈기적의 공부방〉에서 확인하세요.
http://cafe.naver.com/gilbutschool